糯玉米

节水高产机理研究与应用

李若帆 著

RESEARCH ON WATER-SAVING AND HIGH-YIELD MECHANISMS AND APPLICATION OF WAXY MAIZE

化学工业出版社

·北京·

内容简介

本书聚焦粮食需求与水资源短缺矛盾，融合多学科知识，系统探究了全膜双垄沟播技术与非充分灌溉策略耦合下糯玉米节水高产机理。书中主要构建了土壤水热耦合与蒸散量计算模型，明确了不同处理对土壤水热、作物耗水、叶片防御机制及产量品质的影响，揭示了糯玉米节水高产的内在机理，并运用熵权 TOPSIS 法筛选出因地制宜的种植与灌溉方案，为解决农业用水难题提供科学依据与实践路径，对保障粮食安全、推动农业可持续发展意义深远。

本书适合农业水利工程、作物栽培学等领域科研人员以及农业技术推广人员、种植户、制定农业水资源管理政策的部门使用，亦可作为高等院校相关专业师生的教学参考资料。

图书在版编目（CIP）数据

糯玉米节水高产机理研究与应用 / 李若帆著. 北京 : 化学工业出版社, 2025. 12. -- ISBN 978-7-122-49295-1

Ⅰ. S513

中国国家版本馆 CIP 数据核字第 2025QJ3300 号

责任编辑：孙高洁　刘　军　　文字编辑：李娇娇
责任校对：杜杏然　　装帧设计：王晓宇

出版发行：化学工业出版社
(北京市东城区青年湖南街 13 号　邮政编码 100011)
印　　装：涿州市般润文化传播有限公司
710mm×1000mm　1/16　印张 7½　字数 160 千字
2025 年 10 月北京第 1 版第 1 次印刷

购书咨询：010-64518888　　售后服务：010-64518899
网　　址：http://www.cip.com.cn
凡购买本书，如有缺损质量问题，本社销售中心负责调换。

定　　价：80.00 元

前言

水是万物之源，更是农业生产的命脉。在全球人口持续增长、经济快速发展以及气候变化加剧的大背景下，水资源的利用与管理正面临前所未有的严峻挑战。目前，农业用水占全世界总耗水量的70%，在干旱和半干旱地区这一比例更高。我国同样面临水资源短缺、时空分布不均的困境，近10年农业用水占全国总用水量60%以上，然而灌溉水有效利用系数却与发达国家存在较大差距。在这样的时代背景下，发展节水型农业、提高农业水资源利用效率，已然成为保障粮食安全、推动农业可持续发展的必由之路。

玉米作为我国种植面积最大、产量最高的粮食作物，在粮食增产中发挥着关键作用。其中，糯玉米凭借其丰富的营养价值和工业利用价值，种植规模不断扩大，目前我国已成为全球糯玉米种植面积最大的国家。然而干旱少雨、播种期低温、降水时空分布不均等气候因素严重制约着糯玉米的生产。因此，探寻高效的农田管理措施，提高水资源利用效率，已成为实现当前糯玉米增产、高产、稳产的关键。

本书基于上述背景撰写，旨在深入研究不同种植方式和灌溉策略下糯玉米的节水高产机理，为糯玉米节水灌溉、提质增产提供坚实的理论依据，助力农业产业结构调整与可持续高质量发展。

本书内容从多个维度展开：分析不同种植方式和灌溉策略对土壤水热的影响，构建土壤水热变化模型，为水分预测与管理提供理论支撑；剖析不同种植方式和灌溉策略对糯玉米作物系数及耗水规律的影响，构建蒸散量计算模型，揭示糯玉米节水机理；探索糯玉米叶片的防御调节机制，明确酶促反应对不同处理的响应；运用源库理论阐释全膜双垄沟播的内在增产机理。最终筛选出糯玉米种植方式和灌溉策略的最优耦合模式，为科学栽培提供切实可行的方案。

本书主要特色：一是综合考虑地膜覆盖条件下土壤地积温对气积温的补偿作用及膜孔蒸发，构建作物蒸散量计算模型，深入研究糯玉米耗水过程；二是基于作物生理抗逆及源库理论，揭示糯玉米高产内在机理，明确叶片防御系统响应机制；三是融合多学科视角，系统阐释节水高产机理，并引入熵权 TOPSIS 综合评价方法进行方案优选。这些成果不仅丰富了农业科研理论，更对指导实际生产具有极高的价值。

本书在编写过程中，凝聚了众多参与者的心血与智慧，本书的成功编写是山西省高等学校科技创新项目（编号 2023L414）的阶段性成果。感谢研究团队成员在大田试验中付出的辛勤劳动，感谢在模型构建、数据分析过程中提供专业指导的专家老师。

由于时间与水平有限，书中难免存在不足之处，恳请广大读者批评指正，我们将在再版时修订完善。

李若帆
山西工程科技职业大学
2025 年 6 月

目录

第1章

糯玉米节水高产技术综合研究进展及存在问题

水资源是人类生产生活及社会发展必不可少的自然资源，然而人口增长、经济发展及气候变化等因素给水资源的利用管理带来了严峻的挑战。目前，全世界农业用水（其中绝大部分为灌溉用水）占总耗水量的70%，在干旱和半干旱地区更高。据预测，到2050年粮食需求将增长60%，全球需水量将增长20%～30%，粮食需求与用水之间的矛盾日益突出。因此，需要通过提高农业水资源利用效率来满足粮食需求的增长。我国水资源短缺，时空分布不均，已经成为制约农业发展的重要因素之一，2014～2023年《中国水资源公报》显示，农业用水占全国总用水量60%以上，但灌溉水有效利用系数仅为0.4～0.5，相比发达国家（0.7～0.8）还存在较大差距。因此，积极发展节水型农业对于水资源及农业可持续发展具有重要意义。

2023年我国玉米种植面积为4421.9万公顷，产量为28884.2万吨。玉米是我国种植面积最大、产量最高的粮食作物，也是我国粮食增产最重要的贡献者。糯玉米由于其丰富的营养价值及工业利用价值发展迅速，目前种植面积已达80万公顷，我国成为全球糯玉米种植面积最大的国家。山西省玉米种植面积约200万公顷，产量1000万吨，玉米是山西省第一大粮食作物，其中甜、糯玉米种植面积达到50万亩（1亩=666.7m^2），年产值7.5亿元以上，利润3.25亿元，是山西省农业生产优势领域。然而，山西省地处黄土高原，干旱少雨，灾害频发，且降水时空分布变化率较大，季节性水分亏缺使得玉米产量低而不稳，平均产量约为全国平均水平的80%，具有较大增产潜力。总体来看，水资源短缺、蒸发强度大及播种期低温是制约该地区糯玉米生产的主要因素，提高水资源利用效率是当地糯玉米增产、高产、稳产的关键。

加强农田管理是提高水资源利用效率的有效手段，在过去几十年中，山西省发展形成了多种农田管理措施，如覆盖保墒技术、雨水收集技术及非充分灌溉技术等，地膜覆盖作为最有效的措施之一，广泛应用于当地玉米种植。山西省于2010年引进并推广全膜双垄沟播技术，该技术可以有效降低棵间蒸发占总耗水的比重，提高作物需水与土壤供水的时空吻合度，集作物高效用水、沟垄微集水、蓄水，以及地膜覆盖抑蒸、增温、保墒等多项技术的优势于一体，显著提高耕地生产力和水分利用效率。全膜双垄沟技术的推广，虽取得一定成果，但进展缓慢，与山西省水情及农民需求相比，还有较大的发展空间。

由于降雨季节分布不均，为避免糯玉米生长需水关键期缺水对产量产生不良影响，需在生育期适量灌溉以缓解降雨与需水的供需错位，增加糯玉米产量，提高水资源利用效率。非充分灌溉是针对水资源紧缺、不能适时适量满足作物生长需求而提出的一种节水灌溉方法，根据作物的需水规律，将有限的灌溉水在生育期内合理分配。将非充分灌溉方法与全膜双垄沟播的种植方式相结合，有利于促进糯玉米生长发育，对提高水资源利用率具有实际意义。

1.1 国内外研究进展

1.1.1 全膜双垄沟播覆盖技术研究现状

1.1.1.1 地膜覆盖技术的发展

塑料地膜覆盖在农业上的运用最早可以追溯到20世纪50年代，最初用来替代玻璃制作温室膜，60年代初开始用于蔬菜生产，并逐步运用在花生、玉米、小麦、水稻、棉花等大田作物上，发展迅速。中国于1978年首次将地膜覆盖技术引入国内，至2019年地膜使用量约138万吨，覆盖面积高达1762万公顷，位居世界第一，得到了广泛应用和快速发展。

地膜覆盖通过改变土壤能量平衡及减少土壤水分流失来改变田间微气候，防止土壤水分蒸发及氮素淋失，增加太阳净辐射，提高土壤温度，改善土壤微生物活性，稳定根区水分状况，提高作物出苗率，促进根系对土壤养分的吸收利用，有利于作物发育，并一定程度上抑制杂草，减轻病虫害，增加作物产量及水资源利用效率。

随着地膜覆盖技术在我国的推广和应用，科研工作者在普通地膜覆盖技术的基础上加以改进和创新，从半膜覆盖到全膜覆盖，从平铺覆膜到垄沟覆膜，经过长期试验研究，提高了作物的生产潜力。对于玉米种植来说，从露地平作到半膜平作，可增产约10%，提高水分利用率约8%；从半膜平作到全膜平作可增产约15%，提高水分利用率约8%；从全膜平作到全膜双垄沟播增产约12%。

1.1.1.2 全膜双垄沟播栽培技术增产机理研究现状

全膜双垄沟播技术将垄面集流、覆盖抑蒸、垄沟种植等多项技术集于一体，可有效拦截 10mm 以下无效降雨，减少水分流失和蒸发损失，改善土壤水热及养分状况，具有显著的节水抗旱及增产效应，是旱作农业的一项重大技术创新。许多研究表明，全膜双垄沟播种植技术可以促进作物生长，具有明显的增产效应，且可大幅度提高作物的水分生产率。普遍认为该技术增产机理为通过改善田间土壤微环境，促进作物光合作用，影响作物生长发育，同时防止土壤水分无效蒸发，最终达到节水高产的双重目的。

全膜双垄沟播的种植模式可以明显改善土壤水分状况，提高作物生长的水分满足率，并提高耕层温度，从而影响作物生长发育。许多学者对比了全膜双垄沟播与全膜平作、垄沟不覆膜沟作、垄沟覆膜沟作及露地平作条件下土壤水热变化，认为全膜双垄沟播种植模式将沟垄微集水、地膜覆盖增温保墒等多项技术的优势集于同一模式，土壤水热条件最为适宜。与此同时，全膜双垄沟播种植模式一定程度上增加了土壤酶活性和微生物数量，促进了养分的转化和吸收，且水分只能从沟内种植孔或者渗水孔进入土壤，增强了水分的侧向移动，增加了覆膜垄上水分的上行运动，减少了硝酸盐淋溶，促进土壤表层有机氮的分解和活化，增加了表层土壤硝酸盐的含量，提高了土壤肥力。全膜双垄沟播条件下土壤水热及养分条件的改善，为作物的高产提供了物质支持。

有关全膜双垄沟播种植模式对于作物增产方面的研究，目前主要围绕作物光合和生理特性两方面展开。光合作用是作物生长发育和产量形成的基础，光合产物的积累和转运是籽粒干物质形成的基础，也是产量形成的关键。研究认为全膜双垄沟播可以降低消光系数，增加光能利用，提高叶片气孔导度、光合速率、蒸腾速率等，最终体现为产量的增加。植物生长发育是生理代谢及外界因素的综合体现，以往研究对比了全膜双垄沟播与全膜平作、露地平作条件下玉米生长发育过程，表明全膜双垄沟播技术明显减轻玉米“卡脖旱”现象，缩短生育期 2～15d，增加玉米株高、叶面积、干物质积累量及光合势，最终促进生物量和产量的增加。

通过研究全膜双垄沟播条件下作物的耗水规律可以在一定程度上阐释其节水机理。该技术可以抑制土壤无效蒸发，调整降雨与作物需水的时空错位，减少前期的无效耗散，保蓄水分供后期使用，其季节性耗水可以调节产量和水分利用效率。与露地平作相比，全膜双垄沟播显著减少前期耗水量，显著增加作物需水关键期耗水量，从而显著提高产量、收获指数及水分利用效率。然而针对该模式是否可以减少玉米全生育期耗水量尚未有一致结论，韩云良、王红丽在试验中观察到了耗水量的增加，而孔维萍、段勇等观察到了耗水量的减少，其原因在于该技术虽然可以显著减少土壤蒸发，但与此同时也促进了作物蒸腾，同时受到作物品种、气象条件、灌水等多方面因素的制约。

综上所述，现有研究对全膜双垄沟播模式的增产机理已有了一定的研究，普遍认为该模式可以显著增加作物生育期土壤平均含水率，提高土壤酶活性和温度，增加土壤微生物群落，增加表层土壤硝态氮含量，促进根系对养分的吸收利用，促进作物生长发育，同时减少生育前期的水分散失，提高土壤水分和作物需水的吻合度，最终达到节水增产的目标。但是上述文献单因素分析较多，对于种植方式和灌溉策略的耦合研究较少，在耦合条件下的节水高产机理尚不明晰。

1.1.2 非充分灌溉理论研究现状

1.1.2.1 非充分灌溉理论的提出

非充分灌溉又叫作限水灌溉或者亏缺灌溉，是一种优化的灌水策略，逐步从传统的高水丰产向限水稳产转变。有研究表明，作物在适度亏水时会有一定适应性和抵抗效应，对于禾谷类作物来说，水分亏缺对于不同生理功能影响的先后顺序为细胞扩张＞气孔运动＞蒸腾运动＞光合作用＞物质运输，在非需水关键期亏水不一定会导致产量降低，反而会显著提高作物的水分利用效率。普遍认为非充分灌溉将有限的水资源根据不同的作物种类或生育阶段进行最优分配，在作物非需水关键期（通常为作物的营养期和晚熟期）使其灌水量小于作物需水量，其目的在于减少灌水量，提高作物水分利用效率，与充分灌溉相比不会引起显著的产量降低。

非充分灌溉最早于20世纪60年代由美国提出，并由中部和南部的干旱区推广到西部的干旱和半干旱地区。20世纪70年代澳大利亚在亏缺灌溉的基础上提出了调亏灌溉，明确了土壤水分状况亏缺程度的标准，并指出实现调亏灌溉的三种途径分别为基于作物生育阶段的亏缺灌溉、分根区灌溉以及地下灌溉。我国自20世纪80年代开始对非充分灌溉策略进行探索，并针对小麦、水稻、玉米等开展了相关研究，完善了非充分灌溉理论，并在国内进行了大面积推广。

1.1.2.2 非充分灌溉理论的作物生理生化基础

非充分灌溉主要通过调节作物叶水势及叶片气孔形态来影响作物的光合和呼吸作用，同时影响作物的激素水平、酶促系统及非酶物质。非充分灌溉的影响程度与作物种类、缺水强度、缺水阶段和缺水持续时间关系密切。抗旱性强的作物对土壤水分胁迫更加敏感，通过叶水势变化调节气孔开闭而减弱胁迫对作物生长的影响。短期轻度缺水降低叶片含水量或叶水势，促使保卫细胞触发气孔关闭过程，导致叶面积减小或气孔关闭，从而减少水分损失，保护叶片蒸腾和光合作用不受影响，提高蒸腾效率；而严重水分胁迫则会大幅降低作物光合作用速率，影响作物产量。普遍认为苗期受旱对气孔的影响程度有限，适度水分胁迫使作物根冠干物质积累有小幅度增加，复水后有明显的补偿效应，而持续干旱则会明显抑制叶片的气体交换，且复水后其光合特性不能恢复正常水平，因此，适宜的水分亏缺有利于增产、节水。

非充分灌溉条件下作物通常会产生激素，改变其细胞代谢并激活防御机制以响应土壤水分胁迫。作物的防御机制主要包括根、叶抗氧化酶（如超氧化物歧化酶、过氧化氢酶、抗坏血酸过氧化物酶、愈创木酚过氧化物酶、脂氧合酶等）活性的增加和非酶物质（如可溶性糖、脯氨酸、类胡萝卜素、非蛋白硫醇、多酚、花青素、叶片和根中的丙二醛等）的产生。水分亏缺条件下，作物主要通过增加抗氧化酶活性来提高对氧化应激的保护，作物品种、发育阶段及亏缺程度对酶的表达起着重要作用，而非酶物质则主要通过调节作物的渗透势，减少渗透胁迫，提高持水能力，从而更好地适应当前的水分状况。目前许多学者针对水分亏缺条件下马铃薯、冬小麦、大豆、橄榄、花生等作物的生化过程进行了研究，干旱胁迫降低了叶绿素含量、净光合速率和光合速率，增加了根、叶抗氧化酶活性，促进了丙二醛、脯氨酸、可溶性糖等的产生，其变化与胁迫程度和胁迫持续时间有关；轻度水分胁迫条件下叶片抗氧化酶活性随着胁迫持续时间增加呈现先增大后减小的趋势，而严重干旱胁迫条件下则先小幅上升后剧烈下降或直接呈下降趋势。

综上所述，非充分灌溉通过调控作物非需水关键期的灌水量以达到节水稳产的目的，对气孔形态、植物激素、抗氧化酶及非酶物质进行调节以减轻水分胁迫对作物生长的负面影响。非充分灌溉和种植方式耦合条件下的糯玉米叶片防御调节机制的研究对合理制定该种植条件下灌溉策略具有重要意义，具体情况还有待进一步明确。

1.1.3 土壤水热耦合研究现状

土壤水热对作物出苗、根冠状况、干物质积累、产量及资源利用效率等方面均有复杂的影响。土壤中水和热的动态迁移密切相关，水分条件对热特性参数有一定影响，同时温度决定了水的相变和物理化学性质，对基质势、溶质势和土壤水分运动参数也有一定的影响。因此，对土壤水热耦合效应的研究对于作物生长具有重要的意义。

早在 1915 年 Bouyoucos 就发现土壤中水和热的运动是耦合的；1931 年 Richards 首次将偏微分方程与土壤水分运动相结合，建立了多孔介质水分运动的基本方程来描述非饱和土壤水分的运动，从此，对于土壤水分运动的研究开始从定性描述过渡到了定量研究；20 世纪 50 年代多位学者通过大量研究认为，水分运动以气相运动为主，以响应土壤中的热梯度，1957 年 Philip 和 de Vries 考虑温度梯度对土壤水分运动的影响，建立了非饱和土壤水热耦合迁移的机理方程；1968 年 Rose 首次对土壤热量和水分传输的耦合效应进行了试验研究，发现通过土壤层传输的蒸汽量与该层体积含水量的增加或减少的数量级相同，Jackson、Monji 也先后得出了类似的结论；1982 年 Milly 用基质势梯度代替含水量梯度修正了 Philip 的模型用于非均质土壤；1989 年 Nassar 和 Horton 提出了温度、水分、盐分和重力影响下的水分运动方程，同年 Horton 提出了有植物冠层影响的土壤水热耦合运移二维数学模型。

国内对于土壤水热的研究起于 20 世纪 80 年代，杨金忠于 1989 年基于 Philip 和 Milly 的理论提出了非饱和土壤中水、汽、热运动的耦合数值模型，运用有限差分法进行离散并通过迭代计算其解析解，并用试验结果验证了准确性，对蒸发条件下土壤水分运动进行了模拟；王全九从能量的观点出发，考虑温度场和其他力场建立了土壤水分运动方程；康绍忠根据能量平衡方程在 SPAC 系统水分运移仿真模型的基础上，对覆盖条件下田间土壤水热运移进行了数值模拟；任理将覆盖条件下的土壤水热模拟从一维模型发展到二维迁移模型；吴从林将地膜覆盖条件下

SPAC 系统概化为大气、植物冠层、地膜覆盖层和土壤四层结构，建立了该系统下土壤水热耦合运移模型；从振涛考虑了冬小麦的根系吸水，将冬小麦生长机理模型与土壤水热运移相耦合，建立了 WheatSPAC 模型。

非饱和土壤中水、汽、热耦合过程复杂，计算具有一定的难度，且通过田间试验监测难以长系列、定量化地对不同位置水热运移过程进行分析，因此需要应用数值模拟来分析这些过程。关于土壤水热运动的计算机模拟研究最早始于 20 世纪 70 年代，并在过去的几十年间得到了长足的发展。目前可以用于土壤水分模拟的软件包括 SVAT、SHAW、SWAP、HYDRUS、TOUGH2、VS2DI 等。对于软件模拟来说，土壤水热参数在很大程度上决定了模型模拟结果的精度，是求解水热耦合模型的关键，对不同条件下土壤水热运移进行建模、校准和验证对于模型的改进具有重要作用。HYDRUS 可以模拟非饱和-饱和多孔介质中的水分、热量和溶质运移，且 HYDRUS-2D/3D 可以明确考虑模拟区域几何尺寸，大量研究验证了该软件对二维土壤水热及溶质运移模拟的准确性，得到了广泛的应用。Han 运用 HYDRUS-2D 评价了棉花覆膜滴灌条件下 4 种不同灌水处理对土壤水分分布及根区水分平衡的影响，结果表明 HYDRUS-2D 的计算结果与实测结果吻合较好，根系吸水、蒸发和灌水润湿半径随灌水量的减少而减小，覆盖可以有效保持土壤水分但对水分分布影响不大，该模型可用于滴灌系统的设计和灌溉策略的制定；Zhao 对黄土高原垄覆膜条件下小麦田间水热传输运用 HYDRUS-2D 进行了模拟研究，模拟结果与田间实测数据具有较高的一致性，表明该模型是垄覆膜方式下管理土壤水热的有效手段，覆盖主要改变表土的土壤水分状况，且与土壤温度间存在着相互耦合作用，覆盖增加土壤储水能力、促进作物蒸腾、降低土壤蒸发量和蒸散发量，是提高旱地水分利用效率的有效措施；王建东利用 HYDRUS-2D 对冬小麦地下滴灌条件下土壤水热运移进行了参数率定和验证，认为该软件可以较好地模拟地下滴灌条件下土壤水分和温度的运移和分布，且 0～20cm 尤其是 0～10cm 土层水分和地温值，相比 20cm 以下尤其是 50cm 以下土层，更易受土壤蒸发和大气影响而产生明显的波动和差异。

综上所述，土壤水热状况与作物生长密切相关，适时监测并及时调节土壤中水热运移和分布对于促进作物优质高产具有重要意义；HYDRUS-2D 可以模拟不同种植方式下土壤水热运移及二维分布，且许多研究已对其准确性进行了验证，可以作为田间水热管理的有效工具。目前，全膜双垄沟播膜孔灌条件下运用 HYDRUS-2D 进行土壤水热传输模拟未见报道，垄沟结构对土壤水热分布的影响也尚不明确，探索不同种植方式及灌水模式对土壤水热分布规律的影响，可为垄沟覆盖系统的设计提供理论基础，对作物提质增产具有重要实际意义。

1.1.4 玉米耗水规律研究现状

作物蒸散量（ET）是地表水平衡和能量平衡的重要组成部分，是水、能量和碳循环的纽带。在农业生态系统中，ET 也称为作物耗水量，在不同的空间尺度上具有不同的形式，叶片尺度上是通过光合作用进行叶片蒸腾，作物尺度上是通过植物茎的液流，田间尺度上是土壤蒸发（E）和植物蒸腾（T）的总和。研究作物的蒸散量对于合理制定作物灌溉策略有重要意义，针对玉米、小麦、大豆等作物的耗水特性开展了大量的试验研究。

目前对于玉米耗水规律的研究主要是春玉米、夏玉米、制种玉米在全生育期耗水动态变化特性及产量对耗水的响应，对糯玉米的相关研究还比较少。研究表明玉米各生育期的耗水量及耗水强度呈抛物线变化，不同生育阶段对水分的需求差异较大，拔节期至灌浆期是玉米需水的关键期，占总需水量的 50%以上，其生育期耗水规律与作物品种、土壤类型、气候因素及管理措施密切相关，可以通过调整灌溉方式、灌溉制度、种植密度、施肥策略及种植方式改善玉米的耗水规律，达到节水的目的。

覆膜和节水灌溉是我国干旱、半干旱地区应对水资源短缺、提高水分利用效率的主要措施，目前研究主要集中在不同覆膜方式、灌水方式、灌溉定额或水分胁迫条件下玉米耗水规律的变化。研究认为，节水效果较好的灌溉方式有交替隔沟灌溉、膜下滴灌及其他新型的灌水方式，玉米的耗水量随着灌溉定额的增加而增加，随着灌溉量及灌溉次数增加，灌溉水消耗的比例增大，土壤水消耗的比例降低，灌溉量适当降低 10%或 20%时，产量无明显降低趋势，还增加了水分利用效率。然而对于覆膜条件下玉米的耗水规律目前尚未达成一致，Wang 在试验中观察到了耗水量的增加，而宗睿等则观察到了耗水量的降低，这与覆膜比例、土壤质地、气候条件等均有一定关系，其差异取决于减少的土壤蒸发量与增加的作物蒸腾量间的关系。

玉米的产量通常随着耗水的增加而增加，但超过一定值后增加耗水反而会引起产量的降低，不断调整优化灌溉制度可在保障产量的同时达到较高的水资源利用效率。在对糯玉米灌溉制度的研究中发现，水分胁迫对于糯玉米籽粒建成期的影响大于开花期，产量下降的主要原因是粒重的降低。Abdalhi 对温室滴灌条件下糯玉米的最优灌溉制度进行了研究，认为灌溉量 50%ET_c（作物实际蒸散量）可以显著提高糯玉米产量及灌溉水利用效率，为最优的灌溉制度；张潇潇研究了广西地区不同水肥管理条件对糯玉米生长的影响，认为中肥条件下交替沟灌或固定沟灌，灌水量为常规沟灌 70%是当地最优的水肥管理模式。随着计算方法的不断发展，也可以运用作物模型（如 Aquacrop 模型、CROPWAT、DSSAT-CERES-Maize 等）对不同灌溉制度下的作物耗水量和产量进行模拟以确定最优的灌溉制度。

综上所述，玉米的需水规律是科学调节田间土壤水分状况、制定灌溉策略、保障玉米优质稳产的重要依据，其过程受天气、作物及管理条件（例如地膜覆盖）的影响，准确估算蒸散量对于研究作物需水规律、合理安排田间灌排工作有重要指导意义。目前，作物蒸散发的估算模型主要有 Penman-Monteith（PM）模型和双源蒸散发模型（例如 Shuttleworth-Wallace 模型、N95 模型和混合模型等），其中双源模型需要输入参数较多，计算相对复杂，而联合国粮农组织（FAO）推荐的双作物系数法作为一种能有效分离作物 E 和 T 的方法，计算方法简单，参数较少，并被证明是一种有效的估算方法。地膜覆盖导致农田微气象条件和地表能量传递的复杂变化，如何量化地膜覆盖对作物蒸散发过程的影响还尚不明确，前人对 PM 模型和 SW 模型做了大量研究，但是针对覆膜条件的相关研究较少，尤其在全膜双垄沟播条件下大多忽略了膜孔蒸发。研究全膜双垄沟播条件下糯玉米的蒸散发是水资源优化利用和管理的关键，对于合理制定灌溉策略、提高用水效率有重要意义。

1.1.5 作物抗氧化酶活性与抗逆性研究现状

现有研究表明，几乎所有的生物（微生物、真菌、昆虫等）和非生物（干旱、温度、水分、盐分、养分、化学药剂及重金属等）胁迫都在一定程度上诱导或涉及氧化胁迫，在植物体内引发氧化应激，导致细胞产生大量的活性氧（ROS）。ROS是部分还原或活化的氧衍生物，包括自由基和非自由基，并导致细胞损伤、代谢紊乱和衰老。过量的ROS必须通过抗氧化系统来抵消，以防止损伤发育和细胞死亡，通常包括非酶系统和酶系统两种抗氧化防御机制。非酶系统由小分子组成，如维生素（维生素A、维生素C和维生素E）、谷胱甘肽、类胡萝卜素和酚类物质，它们可以通过清除活性氧或直接与活性氧反应来清除；酶系统主要包括超氧化物歧化酶（SOD）、过氧化物酶（POD）、过氧化氢酶（CAT）、抗坏血酸过氧化物酶（APx）、谷胱甘肽还原酶（GR）等。其中SOD构成对抗ROS的第一道防线，催化超氧化物自由基歧化为氧和H_2O_2；POD可以感知细胞的氧化还原状态并在信号传导中起作用，和CAT一起与SOD协同作用清除通过SOD作用产生的H_2O_2，中和或清除自由基和活性氧中间体从而对作物起到保护作用。

作物的生产力主要取决于作物对其生长的环境条件（非生物）的适应，当面临环境胁迫时通常通过增加其防御系统的成分量来抵抗应激诱导的ROS产生，目前研究大多围绕水分、温度、盐分等胁迫对作物抗氧化系统的影响展开。

作物对干旱的最快反应是脱落酸（ABA）介导的气孔关闭，随着胁迫程度的增加进一步导致根冠比降低、抗氧化系统的激活及渗透调节，质外ROS还诱导脂质过氧化，产生丙二醛（MDA）作为膜损伤的指标。郭艳阳以不同抗旱品种玉米为研究对象，将不同干旱胁迫程度下叶片光合与抗氧化酶系统活性相结合研究了玉米对干旱的响应机制，结果表明在轻度、中度胁迫下叶片SOD、POD、CAT活性增加，光能捕集减少，气孔因素是引起净光合速率下降的主要因素，而在重度干旱胁迫条件下，叶片抗氧化酶系统受损，SOD、POD、CAT活性和光系统活性均下降，非气孔因素成为净光合速率的主要限制因素。从基因水平来看，通常将SOD根据金属辅基的不同分为Cu/Zn-SOD、Mn-SOD和Fe-SOD，其中Cu/Zn-SOD是作物体内分布最广、稳定性最高的一种同工酶，其表达量高低与作物抗性密切相关，对于抗氧化防御尤为关键。近年来，在哈密瓜、丹参、拟南芥、甘蔗、烟草等作物中克隆得到编码Cu/Zn-SOD的基因并进行了环境胁迫条件下的表达分析，证实了该基因在抵御胁迫环境方面的重要性。

温度是调控作物生长的关键因素之一，温度过高或过低都会产生胁迫从而影响作物的生长发育，作物对温度胁迫的响应与作物品种、胁迫类型和持续时间关系密切。逯明辉对不同耐冷力黄瓜品种在低温胁迫时其叶片 SOD、POD、CAT 活性进行了研究，结果表明低温胁迫下其叶片抗氧化酶活性均受到了抑制，活性降低，SOD 主要在冷害初期产生作用，耐冷力高的品种由于叶片 CAT 活性更高其冷害指数较低；孙啸震研究了棉花的生理生化指标对热胁迫的响应，结果表明热胁迫状态下棉铃光合作用受到了抑制，其对位叶 POD、CAT 活性大幅降低，而 MDA 积累量显著增加。从基因水平来看，崔翠研究发现低温胁迫下烤烟幼苗光合能力下降，细胞膜系统受损，叶绿素含量显著下降，与此同时 MDA 积累量、脯氨酸含量上升，SOD、CAT 活性及谷胱甘肽、抗坏血酸含量显著增加，其差异基因表达谱中部分基因上调而部分基因下调；平璐从紫花苜蓿中克隆 *Cu/Zn-SOD* 基因，运用农杆菌介导的方式将构建好的植物表达载体转入矮牵牛受体材料的叶片外植体中，获得转基因矮牵牛植株，与野生矮牵牛植株对比分析可知其耐冷性更高，说明转紫花苜蓿 *Cu/Zn-SOD* 基因可以有效抵御低温胁迫，使得矮牵牛耐冷性更强。

盐分胁迫会引起作物形态、生理、生化和分子等变化，高盐度会诱导植物细胞内 ROS 的形成，其过度积累会导致膜脂、蛋白质和核酸的氧化损伤，目前在对番茄、豌豆等作物的研究中发现抗氧化剂在缓解盐胁迫诱导的氧化损伤中具有相关作用，作物通过增加其抗氧化酶活性来增强对盐胁迫的耐受性，并在小麦、玉米、大豆、水稻等作物生长试验中得到了验证。Moles 研究了不同基因型番茄在不同盐分胁迫程度下的种子发芽率和生化特性，结果表明盐分胁迫下番茄种子的发芽率均降低，而 H_2O_2 值高于对照，并在 36h 达到高峰，耐盐品种的总抗氧化能力和 CAT 活性均高于对照，指标差异与 NaCl 浓度和品种均有关；王志恒等设置了 5 个变温处理和 5 个 NaCl 浓度研究温度与盐胁迫的交互作用对于甜高粱幼苗生长的影响，结果表明相同 NaCl 浓度下，SOD、POD、CAT 活性均随着温度的升高先增大后减小，而高温或低温下随着盐胁迫程度的增加均会导致抗氧化酶活性降低，适宜温度下则随着盐胁迫程度的增加酶活性先增后减。

综上所述，目前研究大多集中在水分、温度、盐分或其他单一胁迫对作物抗氧化酶活性的影响，然而全膜双垄沟播种植模式对于土壤水分、温度均有一定影响，研究土壤水热交互作用下作物的抗氧化酶活性对于明确该条件下作物的抗逆调控机制有重要意义，相关内容还有待进一步研究。

1.1.6 作物源库关系研究现状

源库概念最早于 1928 年在 Mason 和 Maskell 研究棉株体内碳水化合物分配时首次提出，用以解释作物产量和品质形成的机制，该理论分析了光合产物的制造、分配、运输和转化的积累过程及其相互作用。20 世纪 60 年代作物生理学家将源库概念用于与作物产量相互关系的研究，形成源库理论，我国于 20 世纪 70 年代开始研究作物源库关系，经过几十年研究，该理论体系逐渐成熟，并用于指导作物高产栽培。普遍认为“源”是生产或输出同化产物的器官或组织，“库”为接受和贮藏同化产物的器官或组织。对于玉米来说，源主要指玉米的叶片，也包括叶鞘、茎和苞叶等，库通常指穗和粒。

Wilson 在 1971 年提出了源强度和库强度的概念，作物的源库关系实质上是源强度和库强度的关系，其研究重点在于确定限制作物产量的主要因素。对于源或者库哪个是作物产量的主要限制因素，不同学者看法不同，通常认为有三种类型：源限制型、库限制型和源库互作型。源限制型理论认为作物库性能的发挥高度依赖源强度，主张增源是提高产量的主要途径；库限制型理论则认为库容是限制产量的主要因素，因此主张增加库容是提高产量的主要途径；源库互作型理论则认为作物的产量不仅取决于源强度，同时取决于库容，二者关系是相对的、动态的、平衡的，单方面强调源或库的限制作用都是不全面的，要增加产量就要保障源强度大、库容大、流转运输通畅。

作物源库关系影响产量、品质、资源利用效率，多年来许多学者对玉米、棉花、油橄榄等展开了相关试验，大多通过开花后遮光、去叶、疏花或疏果等措施进行研究。普遍认为减源降低叶片源大小，导致叶片加速衰老，而缩库导致源叶光合速率下降，减源或缩库均导致减产，影响作物产量和品质，但在密植条件下则可通过去叶改善光分布，提高库源比，从而提高产量。

作物源库过程受到作物管理（如施肥、密植、播期、覆盖等）的高度影响。充分水氮条件下库容为主要的产量限制因素，适量水氮条件下库对光合产物的贮存和转化能力是主要的产量限制因素，而在水分胁迫条件下源库均为产量的限制因素，合理的水氮水平有利于兼顾叶片同化作用和籽粒转运的双向提高，有助于保持其源库关系协调从而达到高产。地膜覆盖显著增加玉米生育期光热捕捉及利用率，扩大了干物质的源强度和穗粒数的库容量，并促进籽粒氮素的吸收利用和品质的提高 。

综上所述，作物的源库关系是影响作物产量的主要因素之一，玉米高产的关键就在于群体源库关系的协调。以往的研究主要集中在不同作物管理措施对作物产量、水氮利用效率及农艺性状影响等方面，从源库关系的角度分析作物高产高效机理的很少。糯玉米不同种植方式和灌溉策略耦合条件下尚未运用源库理论对其产量形成机制进行解释，而研究其源库关系有利于优化灌水制度，探索节水增产的内在机理，为玉米节水高产栽培提供理论解释。

1.2 存在的问题

目前，国内外学者针对全膜双垄沟播模式下土壤水盐分布、土壤温度变化、玉米根系、生长、水分利用率等方面进行了大量的研究，该种植模式与节水灌溉策略的耦合方式下土壤水热状况、糯玉米耗水规律、抗逆防御机制、库源关系的变化及对产量的影响对于揭示作物节水高产的机理具有重要意义，有待进一步研究。同时，需要对种植方式和灌水策略耦合的效果进行综合评价，以便指导糯玉米节水高产的田间生产管理。

第2章

糯玉米生育期主要指标测定

在田间设小区进行试验，随机区组布置。种植方式设露地平作（CK）（行距 55cm）、全膜双垄沟播（RF）（小垄宽 40cm、高 15cm，大垄宽 70cm、高 10cm）、全膜双垄沟播等行距种植（RFE）（垄宽 55cm、高 15cm）（用于对照垄沟覆膜条件下垄宽的影响）3 种，株距 30cm，种植密度 60000 株/hm^2，RF 和 RFE 田间布置见图 2-1。灌溉策略参考玉米需水规律设 2 个水平，运用非充分灌溉制度进行灌水，I_0 为控制 4 个时期土壤水分含量于适宜水平，具体为播种期、苗期至拔节前期、拔节后期至孕穗期及孕穗期至开花期，分别控制土壤含水量为田间持水量的 75%～85%、65%～75%、70%～80%及 70%～80%；I_1 为控制 2 个时期土壤水分含量于适宜水平，即在播种期、拔节后期至孕穗期分别控制土壤含水量为田间持水量的 75%～85%，计划湿润层为苗期 40cm、拔节期至成熟期为 60cm，糯玉米生育节点及生育期见图 2-2，试验方案见表 2-1，各处理全生育期灌水量见表 2-2。灌水方式露地区域为沟灌，覆膜区域为膜孔灌（利用地膜输水并通过种植孔入渗），每周监测土壤含水率，当含水率降至灌水下限则灌至灌水上限。试验执行期间不进行耕

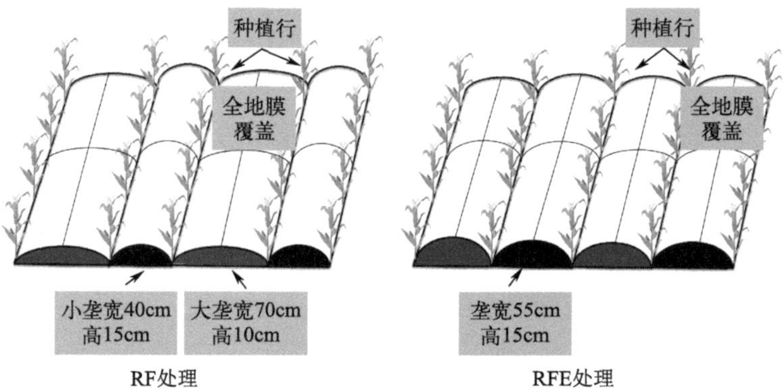

图 2-1 RF、RFE 田间布置图

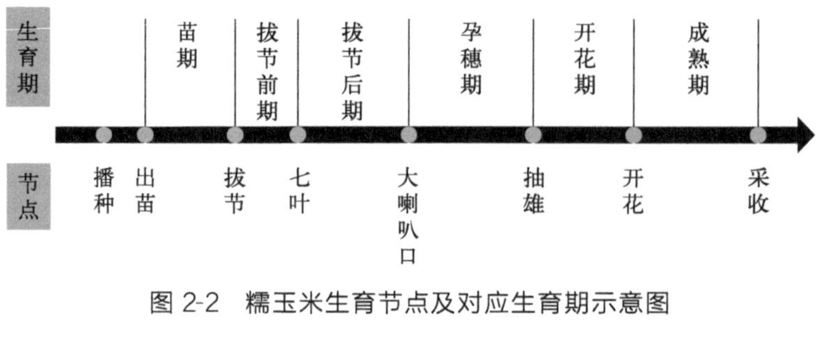

图 2-2 糯玉米生育节点及对应生育期示意图

作，施肥量根据土壤的基础肥力情况和当地经验水平综合确定，各处理施肥量相同，N、P、K 三要素的比例约为 3∶1∶2，肥料在播前作为底肥一次施入。

表 2-1 试验方案表

编号	水平组合	计划湿润层土壤含水率范围			
		播种期	苗期—拔节前期	拔节后期—孕穗期	孕穗期—开花期
T1	CKI_0	(75%～85%) θ_f	(65%～75%) θ_f	(70%～80%) θ_f	(70%～80%) θ_f
T2	CKI_1	(75%～85%) θ_f	不灌水	(75%～85%) θ_f	不灌水
T3	RFI_0	(75%～85%) θ_f	(65%～75%) θ_f	(70%～80%) θ_f	(70%～80%) θ_f
T4	RFI_1	(75%～85%) θ_f	不灌水	(75%～85%) θ_f	不灌水
T5	$RFEI_0$	(75%～85%) θ_f	(65%～75%) θ_f	(70%～80%) θ_f	(70%～80%) θ_f
T6	$RFEI_1$	(75%～85%) θ_f	不灌水	(75%～85%) θ_f	不灌水

注：θ_f 为田间持水量。

表 2-2 各处理灌溉策略表

年度	灌水日期	灌水量/mm					
		T1	T2	T3	T4	T5	T6
2018	6 月 18 日	29	—	23	—	23	—
	6 月 28 日	30	38	22	24	22	24
	7 月 08 日	—	30	—	24	—	24
	7 月 22 日	28	—	20	—	20	—
	合计	87	68	65	48	65	48
2019	6 月 17 日	60	—	40	—	40	—
	6 月 27 日	30	60	25	40	25	40
	7 月 07 日	35	50	30	35	30	35
	7 月 17 日	35	—	30	—	30	—
	合计	160	110	125	75	125	75

2.1 气象数据采集

利用无线自动气象监测系统（Adcon-Ws 无线自动气象站）对基础气象数据进行采集，主要包括降水量 P、2m 高度的大气温度 T_a、相对湿度 RH、风速 v 和风向、太阳辐射 R_n 等，每 15min 进行一次数据采集。

2.2 糯玉米生育期地温测定

播种后将 HZR-8T 型土层温度测试仪埋于各试验小区，深度为 0cm、5cm、10cm、15cm、20cm 和 25cm，在糯玉米的整个生育期每 2h 自动测定一次。

2.3 糯玉米生育期土壤水分测定

土壤含水率采用烘干法进行测定，每 7d 在糯玉米株间取 3 组土样用于土壤水分监测，判断灌水与否并确定灌水量，取样深度为 100cm，每 20cm 为一层。分别在苗期、拔节期、孕穗期及成熟期在糯玉米株间及行间取 7 组土样观察土壤水分横向分布，取样深度、分层与监测取土一致，取样点布置图如图 2-3 所示。生育期灌水量按照式(2-1) 进行确定：

$$m=10\rho_b H(\beta_i-\beta_j) \tag{2-1}$$

式中，H 为该时段土壤计划湿润层的深度；ρ_b 为计划湿润层内土壤容重，g/cm^3；β_i 为设计含水量；β_j 为自然含水量，即灌溉前土壤含水量。

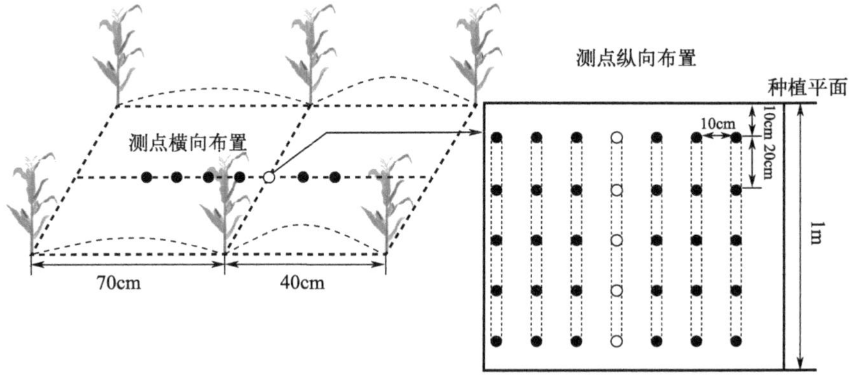

(a) RF田间水分测定测点布置图

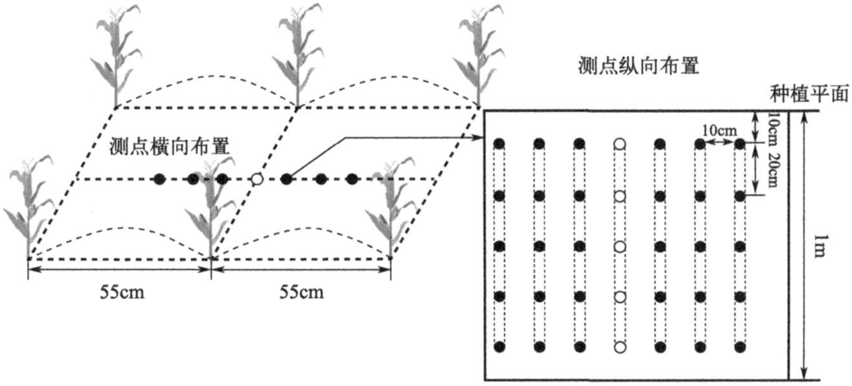

(b) RFE、CK田间水分测定测点布置图

图 2-3 不同处理田间水分测定测点布置图

图中○测点位于糯玉米株间，●测点位于糯玉米行间

2.4 糯玉米生理生化指标测定

2.4.1 糯玉米生育期株高、穗位高及叶面积测定

选取长势均匀的 5 株糯玉米并做标记，于苗期、拔节期、孕穗期、开花期、成熟期用卷尺测量株高、穗位高，用钢尺测量选定植株上的所有展开叶的长和宽，计算每个试验小区单位面积上的叶面积，并利用长宽系数法推求叶面积指数（LAI）。单株叶面积按式(2-2) 进行计算：

$$X=\sum(L\times W)\times 0.75 \tag{2-2}$$

式中，X 为单株叶面积，m^2；L 为叶片长度，m；W 为叶片最大宽度，m；0.75 为单株叶面积换算系数。

叶面积指数按式(2-3) 进行计算：

$$\mathrm{LAI}=\rho\frac{\sum_{i=1}^{m}X_i}{m} \tag{2-3}$$

式中，ρ 为玉米植株密度，株/m^2；m 为测量株数。

2.4.2 糯玉米生育期干物质重测定

采用烘干法测定，于糯玉米苗期、拔节期、孕穗期、开花期、成熟期将植株分部位裁剪，将其分为叶片、茎鞘、根和穗 4 个部分。于

105℃杀青 30min 后，80℃烘 48h 称其干物质质量。

2.4.3 糯玉米生育期叶片叶绿素测定

叶绿素含量的测定参考 Amon 的方法，取 0.3g 新鲜叶片置于研钵中，加 5mL 无水乙醇研磨成匀浆，95%的乙醇溶液浸提后采用紫外可见分光光度计在波长 665nm 和 649nm 下测定叶绿素 a（Chla）、叶绿素 b（Chlb）的吸光度值，分别计算叶绿素 a、叶绿素 b 及叶绿素（Chl）的含量。计算公式如下：

$$\text{Chla(mg/g)} = 13.95D_{665} - 6.68D_{649} \tag{2-4}$$

$$\text{Chlb(mg/g)} = 24.96D_{649} - 7.32D_{665} \tag{2-5}$$

$$\text{Chl(mg/g)} = \text{Chla} + \text{Chlb} \tag{2-6}$$

2.4.4 糯玉米生育期叶片抗氧化酶及丙二醛积累量测定

对糯玉米苗期、拔节期、孕穗期和成熟期的叶片抗氧化酶活性及丙二醛积累量进行测定。叶片过氧化物歧化酶（SOD）活性采用氮蓝四唑光化还原法，以反应抑制氮蓝四唑（NBT）光氧化还原 50%的酶量为一个酶活力单位 U，计算公式见式(2-7)；过氧化物酶（POD）活性采用愈创木酚比色法，以 0.01 为一个酶活力单位 U，计算公式见式(2-8)；过氧化氢酶（CAT）活性采用滴定法，计算公式见式(2-9)；丙二醛（MDA）积累量采用双组分分光光度法，计算公式见式(2-10)。

$$\text{SOD[U/(g·h)]} = \frac{1000 \times 50(\text{OD}_1 - \text{OD}_2)V}{50\%\,\text{OD}_1 BWT} \tag{2-7}$$

式中，OD_1 为 2、3 号杯光密度的平均值；OD_2 为测定样品的光密度值；V 为酶提取液体积，mL；B 为一个酶活力单位的酶液量，mL；W 为样品鲜重，g；T 为反应时间，min。

$$\text{POD[U/(g·min)]} = \frac{\Delta A_{470} V_T}{0.01WV_s T} \tag{2-8}$$

式中，ΔA_{470} 为反应时间内吸光度的变化；V_T 为提取酶液总体积，mL；W 为样品鲜重，g；V_s 为测定时取用酶液体积，mL；T 为反应时间，min。

$$\text{CAT[U/(g·min)]} = \frac{17(A_0 - A)C_o \dfrac{V_T}{V_s}}{WT} \tag{2-9}$$

式中，A_0 为空白滴定值，mL；A 为样品滴定值，mL；C_o 为 $Na_2S_2O_3$ 浓度，mmol/L；V_T 为酶液总体积，mL；V_s 为测定时取用酶液体积，mL；W 为样品鲜重，g；T 为反应时间，min；17 为 1/2 H_2O_2 的摩尔质量，mg/mmol。

$$\mathrm{MDA(nmol/g)} = \frac{(\mathrm{OD}_{532} - \mathrm{OD}_{600}) D_t \dfrac{V_T}{V_s}}{1.55 \times 10^{-1} W} \tag{2-10}$$

式中，D_t 为反应液总量，4mL；V_T 为酶液总体积，mL；V_s 为测定时取用酶液体积，mL；W 为样品鲜重，g；1.55×10^{-1} 为丙二醛微摩尔吸光系数。

2.5 测产及室内考种

在糯玉米采收期（即以果穗花丝干枯，果穗外苞叶由绿转黄绿，籽粒在乳熟后期至蜡熟初期）对试验田进行实收测产，并选择各小区连续随机 20 株玉米穗作为考种样本，测定其穗长、穗粗、穗行数、行粒数、百粒鲜重、百粒干重等产量性状指标。

2.6 糯玉米品质测定

在采收期取 5 株果穗进行营养品质测定。将果穗去苞叶后立即放入烘箱，在 105℃下杀青 30min，80℃下烘干至恒量，粉碎过 100 目筛进行品质测定。品质测定项目为粗蛋白及可溶性糖，可溶性糖的测定参照蒽酮比色法，粗蛋白的测定参照凯氏定氮法。

2.7 指标处理方法

土壤体积含水率（%）与土壤质量含水率（%）换算公式为：

$$\text{土壤体积含水率(\%)} = \text{土壤质量含水率(\%)} \times \text{容重}(\mathrm{g/cm^3}) \tag{2-11}$$

光合势［LAD,$(\mathrm{m^2 \cdot d})/\mathrm{m^2}$］指单位面积上叶面积持续时间，计算公式为：

$$\mathrm{LAD}=\frac{L_1+L_2}{2}\quad(t_2-t_1) \tag{2-12}$$

式中，L_1、L_2 分别为 t_1、t_2 时刻的叶面积。

群体生长速率［CGR，g/(m^2·d)］为单位时间单位面积上的糯玉米干物质增量，计算公式为：

$$\mathrm{CGR}=\frac{W_2-W_1}{\mathrm{GA}(t_2-t_1)} \tag{2-13}$$

式中，W_1、W_2 分别为 t_1、t_2 时刻的干物质重；GA 为面积。

群体粒叶比（粒/m^2 或 g/m^2）计算公式为：

群体粒叶比＝群体收获总粒数或粒重/群体最大叶面积　　(2-14)

作物蒸散量（ET，mm）计算公式为：

$$\mathrm{ET}=P+I+U-D-R-\Delta W \tag{2-15}$$

式中，P 为降雨量，mm；I 为灌水量，mm；U 为地下水补给量，mm；D 为深层渗漏量，mm；R 为径流量，mm；ΔW 为试验初期和末期土壤水分变化量，mm。试验地地势平坦，地下水埋藏大于 50m，试验设计湿润层较浅，U、R、D 均可忽略不计，故将蒸散量计算公式简化如下：

$$\mathrm{ET}=P+I-\Delta W \tag{2-16}$$

水分利用效率［WUE，kg/(mm·hm^2)］计算公式为：

$$\mathrm{WUE}=\frac{Y}{\mathrm{ET}} \tag{2-17}$$

式中，Y 为籽粒产量，kg/hm^2。

第3章

不同种植方式及灌溉策略下土壤水热变化及其模拟

垄沟地膜覆盖影响土壤微环境，导致水和热不均匀分布，土壤水热状况影响作物生理活动，而作物生理活动又影响土壤水热传递通量，且合理的垄沟结构有利于改善土壤水热环境，增加作物产量，提高系统的有效性，对于半干旱地区作物种植至关重要。全膜双垄沟播非充分灌溉条件下土壤水热状况的量化研究有助于揭示该种植系统节水、增产的内在机理，研究不同垄沟形态的土壤水热联合效应可以为优化垄沟覆盖系统提供理论基础，具有重要的实际意义。然而全膜双垄沟播系统中的水热流计算具有一定难度，耦合过程复杂，且通过田间试验监测难以长系列、定量化地对不同位置水热运移过程进行分析，需要运用数值模拟的方法，HYDRUS 可以模拟非饱和-饱和多孔介质中的水分、热量和溶质运移，且 2D 版本可以明确考虑垄沟几何尺寸，故而采用该软件进行模拟研究。因此，本章将分析不同处理下土壤水热的时空分布特征，运用 HYDRUS-2D 建立土壤水热运移模型并校准验证全膜双垄沟播条件下该模型的有效性，分析地膜覆盖、垄沟形态及灌溉策略对土壤水热分布规律的影响，为优化垄沟覆盖系统提供理论支持。

3.1 不同处理对土壤温度的影响

3.1.1 土壤温度的时空变化

3.1.1.1 全生育期 0～25cm 土壤平均温度变化

图 3-1 为不同处理糯玉米全生育期 0～25cm 土壤平均温度动态变化，全膜覆盖对糯玉米生育期 0～25cm 土壤温度有明显的促进作用，尤其是苗期和拔节期 RF 和 RFE 相比 CK 均达显著差异，且随着时间推移增温作用减弱。这是由于前期糯玉米冠层较小，土壤直接接收太阳辐射，地膜阻碍土壤和大气间水蒸气和热量的交换，起到增温保墒的作用；随着生育期推进，植株冠层增大对太阳辐射起到了阻隔效果，导致增温效果减弱，至 60d 后几乎没有增温作用。

总体来看，RF、RFE 在 0～25cm 地温均大于 CK，平水年（即降水量、水分条件处于常年平均水平的年份）增幅更大，但 RF 和 RFE 组内差异较小。RF、RFE 相比 CK 全生育期 0～25cm 平均地温增加 2%～5%，增温效果显著，而垄沟大小对地温影响较小。对不同处理各生育期 0～25cm 平均地温的变异系数进行分析可以看出，两年数据均呈现一致规律，全地膜覆盖相比露地稳定性更高，I_0 相比 I_1 地温稳定性更高，这主要是由于地膜覆盖减弱了上层空气的湍流交换且消除了潜热交换，使得土壤热通量增加，且较高的土壤含水量增加土壤热容，因而使得地温更加稳定。各生育期变异系数苗期最大，孕穗期最小，这与糯玉米冠层发育关系密切。

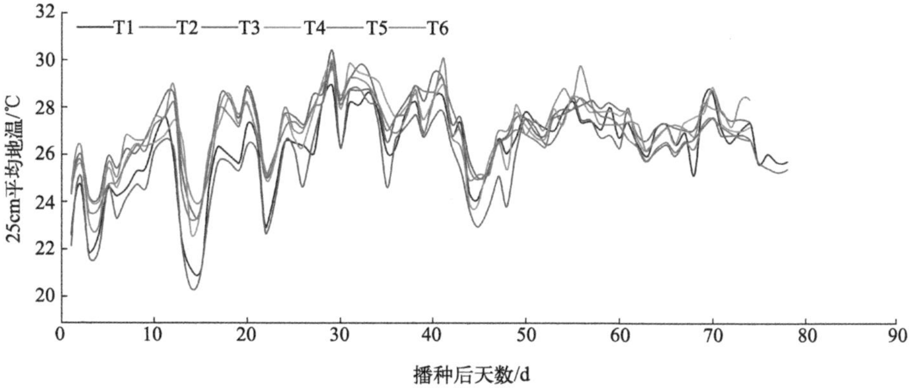

(a) 2018年不同处理糯玉米生育期0～25cm平均地温变化

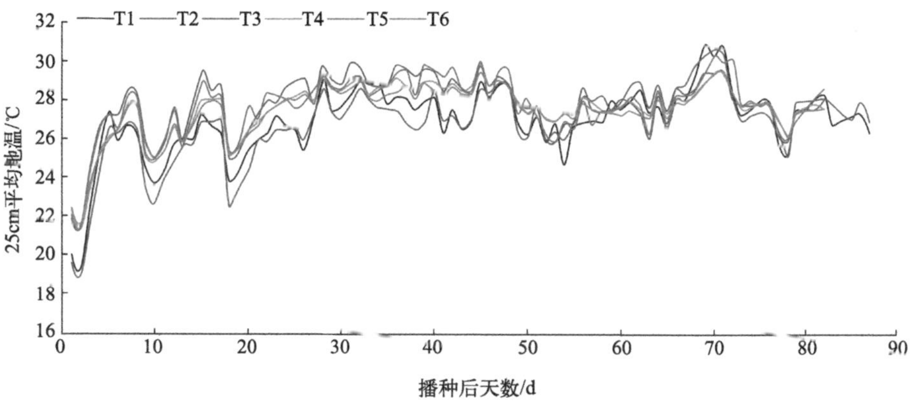

(b) 2019年不同处理糯玉米生育期0～25cm平均地温变化

图 3-1　不同处理糯玉米全生育期平均地温变化

对比不同生育期地温变化规律，就种植方式而言，RF、RFE 相比 CK 显著增加各生育期平均地温，主要增加苗期和拔节期地温，随着生育期推进增温效果逐渐减弱。这主要由于糯玉米冠层在苗期和拔节期较小，地膜透光率高，地膜对于近地面气层热量交换的阻隔作用使其增温作用显著，而随着糯玉米冠层持续增加，在孕穗期和成熟期由于冠层的遮光作用使其增温作用下降。就灌溉策略而言，不同灌溉策略下土壤地温差异较小，对于 CK 和 RF 来说，I_0 相比 I_1 在糯玉米苗期和拔节期有小幅度的增温作用，且稳定性更高。

3.1.1.2 全生育期不同土层平均温度变化

图 3-2 为糯玉米全生育期不同土层深度（5cm、10cm、15cm、20cm、25cm）平均地温的变化规律。由图 3-2 可知不同处理地温随土壤深度的增加呈递减趋势，RF 和 RFE 由于地膜覆盖相比 CK 可以显著增加各土层地温，I_0 增温效果优于 I_1，垄沟大小对于增温影响较小。对不同处理下不同深度土壤平均地温的变异系数进行分析可以看出，两年数据均呈现一致规律，均随深度增加而减小，表明表层地温波动更大，这是由于表层土壤温度受气温等环境影响较大，因而其变幅及波动也最大。就年际变化来看，平水年均值、增幅及变异系数均更大，表明糯玉米生育期土壤温度受降雨年型和气象因素的影响。

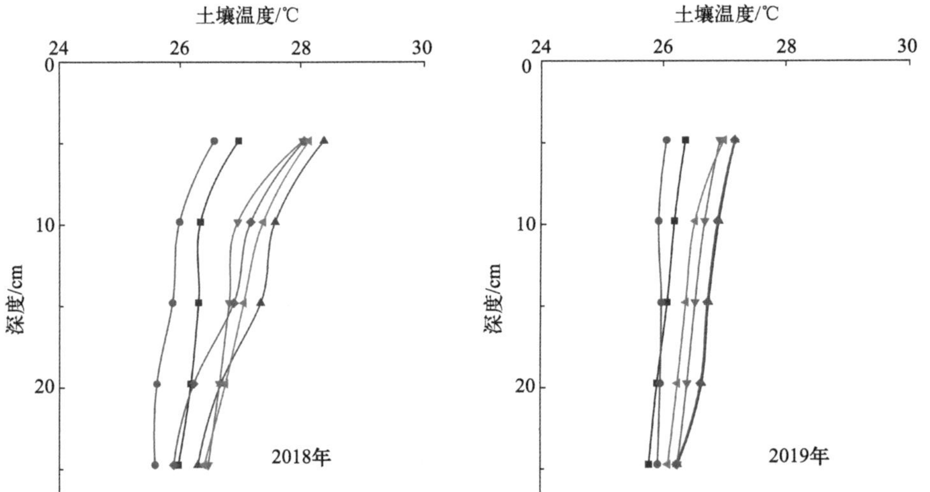

图 3-2 糯玉米全生育期不同土层深度平均地温变化

3.1.1.3 各生育期不同土层平均温度变化

图 3-3 为不同处理各生育期不同深度土壤地温变化，由图可以看出地温在不同生育期随深度变化基本呈现两种方式：递减（包括波动性减小）和“S”形先增后减。从糯玉米发育过程来看，地温差值随着生育

期推进而减小，两年差值最小的均在孕穗期。就种植方式而言，不管灌水与否，在糯玉米苗期和拔节期地温从大到小均表现为 RF＞RFE＞CK，且表层 0～10cm 土层温度差值最大，RF 和 RFE 最高温度集中在 5cm 处，而 CK 最高温度集中在 5～15cm 处；就灌溉策略而言，CK 和 RF 地温在两年试验均表现为 $I_0＞I_1$，RFE 两年规律不一致但差异很小。

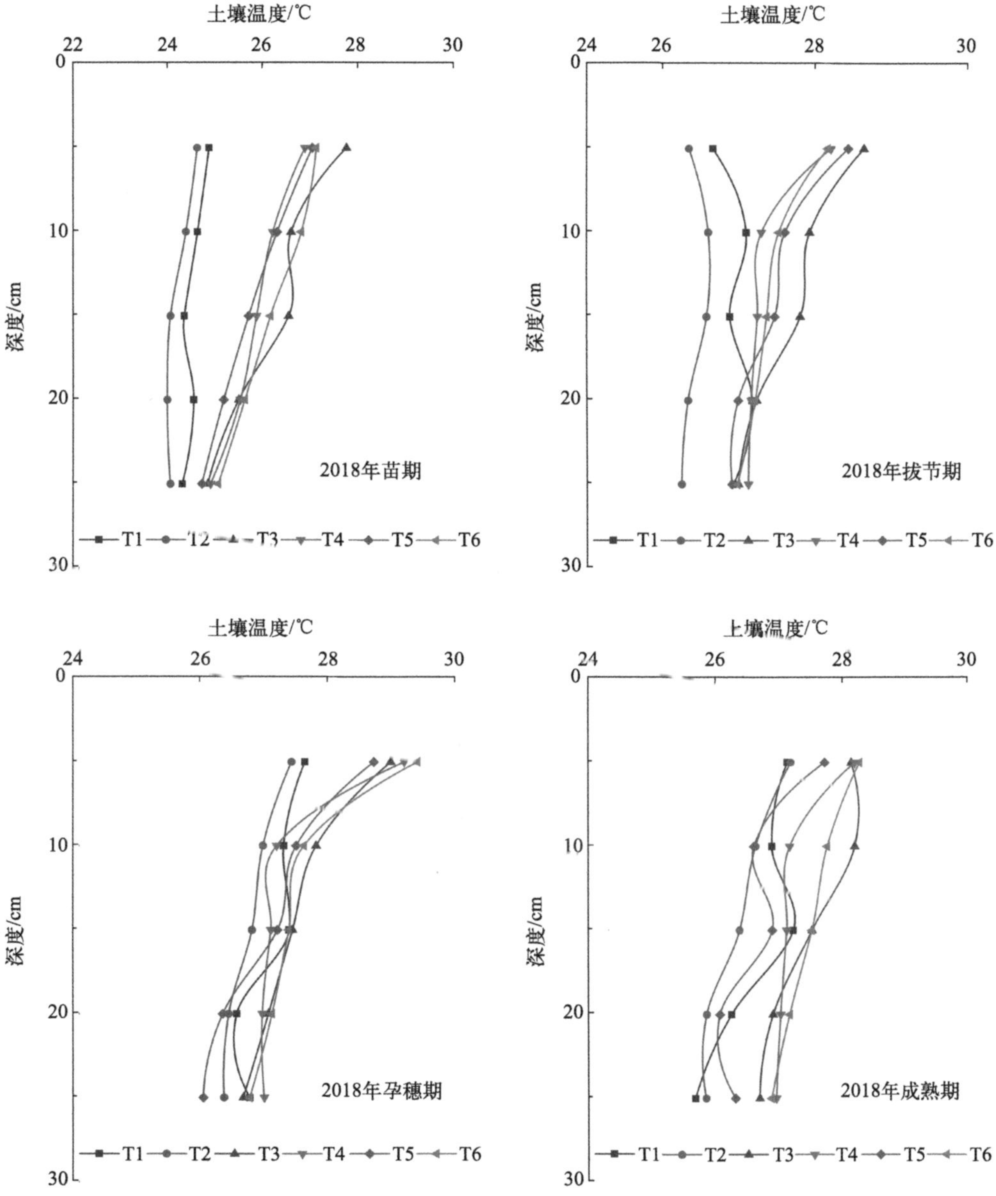

图 3-3

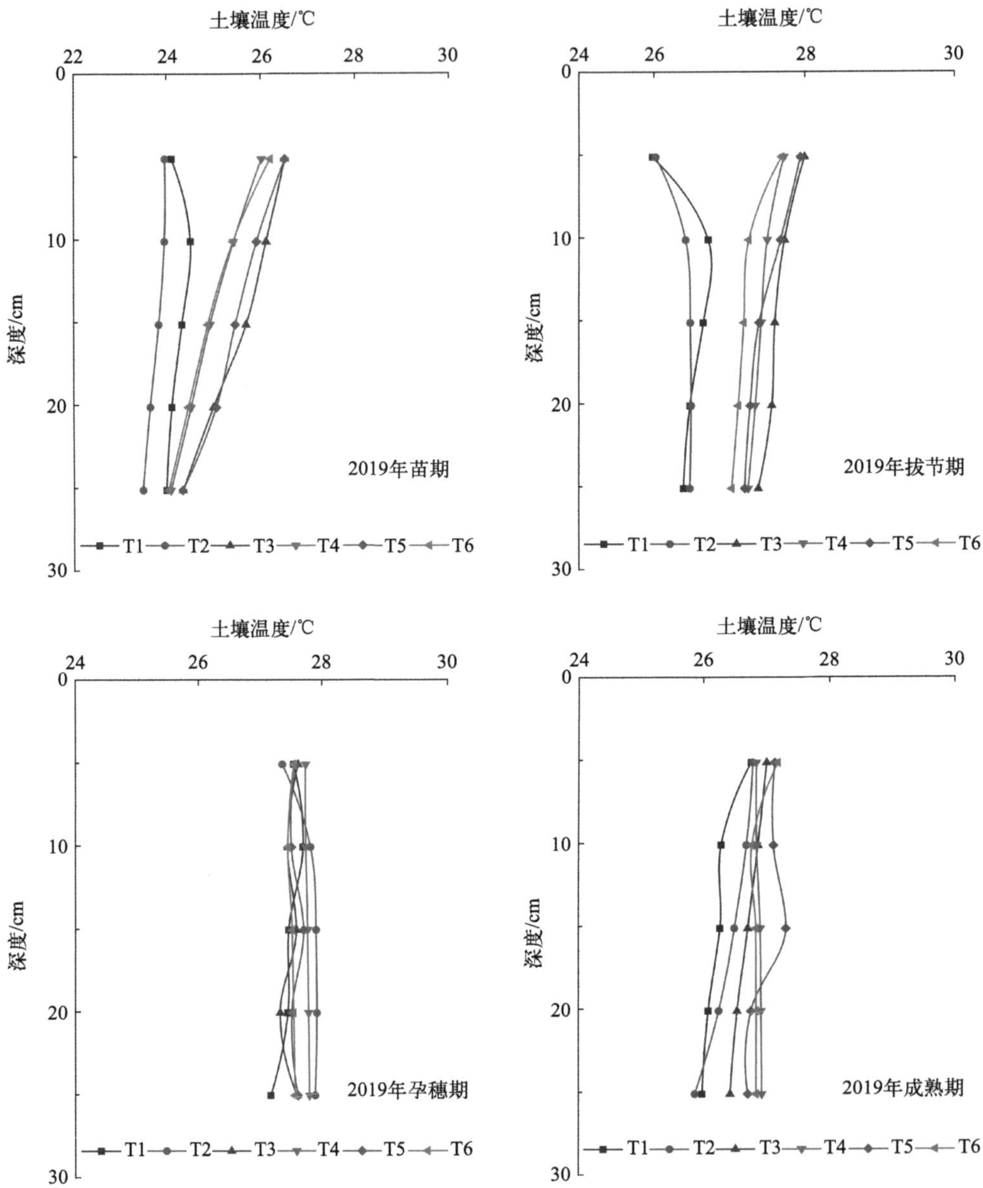

图 3-3　不同处理各生育期不同深度土壤温度变化

统计全生育期相同灌溉水平下 RF、RFE 相比 CK 在各测点的增温次数，计算得到不同土层增温点次比例如表 3-1 所示。综合两年试验各生育期增幅和增温点次比例来看，RF 优于 RFE，平水年优于特旱年，且随着深度的增加，增温点次比例呈减少趋势，其中苗期增温点次比例达 96%以上，随生育期推进而逐渐减少。

表 3-1　不同土层增温点次比例

年度	处理	5cm	10cm	15cm	20cm	25cm	平均
2018 年	T3	93.24%	86.49%	78.38%	68.92%	67.57%	78.92%
	T4	94.59%	86.49%	82.43%	74.32%	82.43%	84.05%
	T5	86.49%	68.92%	67.57%	50.00%	41.89%	62.97%
	T6	93.24%	82.43%	81.08%	79.19%	78.38%	82.86%
2019 年	T3	78.05%	73.17%	74.39%	73.17%	71.95%	74.15%
	T4	81.71%	70.73%	67.07%	65.85%	63.41%	69.76%
	T5	73.17%	75.61%	69.51%	68.05%	65.85%	70.44%
	T6	80.49%	67.07%	64.63%	64.63%	58.54%	67.07%

3.1.2 土壤有效积温的变化

不同种植方式和灌溉策略直接影响土壤水热状况，并间接导致不同处理下糯玉米生育期及对应各生育期的积温不同。表 3-2 列出不同处理糯玉米各生育期天数和对应的积温值，由表可以看出，CK 处理糯玉米生育期为 78d（2018 年）和 87d（2019 年），RF 和 RFE 则分别为 74d（2018 年）、74d（2018 年）和 82d（2019 年）、82d（2019 年），相比 CK 缩短糯玉米生育期 4～5d，其主要缩短了孕穗期前的生育天数，尤其是苗期和拔节期。不同处理糯玉米在各生育期的积温分配变化规律一致，由大到小依次为拔节期＞苗期＞成熟期＞孕穗期，地膜覆盖增加了苗期和拔节期日均积温值，因此可知地膜覆盖可以较快达到作物该生育期所需积温值从而缩短生育进程，在孕穗期后日均积温值各处理间基本相差不大。就 RF 和 RFE 间土壤积温来看，灌溉策略相同时处理间差异不大，对糯玉米生育期天数的影响也基本一致。

表 3-2　不同处理糯玉米生育期天数及有效积温变化

年度	处理	苗期				拔节期				孕穗期				成熟期				积温总计/℃
		积温/℃	持续时间/d	均值/℃	比例/%	积温/℃	持续时间/d	均值/℃	比例/%	积温/℃	持续时间/d	均值/℃	比例/%	积温/℃	持续时间/d	均值/℃	比例/%	
2018	T1	542.18	22	24.64	26.38	661.17	25	26.45	32.17	364.27	13	28.02	17.72	487.74	18	27.10	23.73	2055.36
	T2	533.20	22	24.24	26.21	678.54	26	26.10	33.35	334.55	12	27.88	16.44	488.12	18	27.12	23.99	2034.41
	T3	549.41	20	27.47	26.04	671.72	23	29.21	31.84	376.51	13	28.96	17.85	512.03	18	28.45	24.27	2109.67
	T4	538.06	20	26.90	25.92	685.71	24	28.57	33.03	341.45	12	28.45	16.45	510.95	18	28.39	24.61	2076.17
	T5	546.00	20	27.30	26.06	666.52	23	28.98	31.82	373.87	13	28.76	17.85	508.46	18	28.25	24.27	2094.84
	T6	542.81	20	27.14	26.05	682.13	24	28.42	32.73	348.58	12	29.05	16.73	510.30	18	28.35	24.49	2083.82
2019	T1	603.05	25	24.12	26.90	728.78	28	26.03	32.51	370.11	14	26.44	16.51	539.87	20	26.99	24.08	2241.81
	T2	599.43	25	23.98	26.86	754.14	29	26.00	33.80	345.81	13	26.60	15.50	531.92	20	26.60	23.84	2231.29
	T3	610.12	23	26.53	27.37	741.15	26	28.51	33.25	338.17	13	26.01	15.17	539.88	20	26.99	24.22	2229.33
	T4	598.98	23	26.04	27.11	759.09	27	28.11	34.36	311.88	12	25.99	14.12	539.13	20	26.96	24.41	2209.08
	T5	610.16	23	26.53	27.39	739.97	26	28.46	33.22	335.83	13	25.83	15.07	541.81	20	27.09	24.32	2227.76
	T6	603.13	23	26.22	27.23	756.92	27	28.03	34.18	310.75	12	25.90	14.03	543.75	20	27.19	24.55	2214.56

3.2 不同处理对土壤水分的影响

3.2.1 全生育期 0~100cm 土壤平均含水率变化

图 3-4 为两年试验不同处理各生育期土壤平均含水率（体积含水率）的变化，RF 和 RFE 相比 CK 可以显著改善 0～100cm 土层内土壤水分

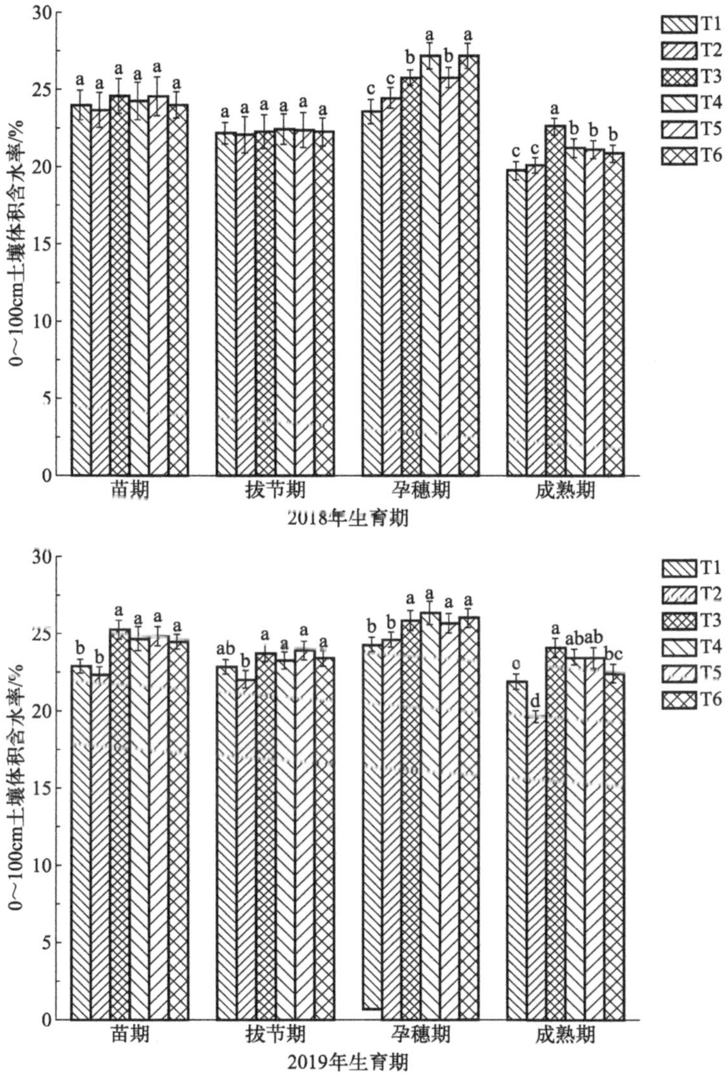

图 3-4 不同处理各生育期 0～100cm 土壤平均含水率变化

状况，且含水率大小与灌溉策略关系密切。就种植方式来说，全膜覆盖相比露地显著增加全生育期土壤平均含水率，各处理对土壤含水率的促进作用从大到小依次为 RF＞RFE＞CK，且受气候影响较大，地膜覆盖对于特旱年份影响大于平水年份，这是由于平水年降雨的补给弱化了各处理间的差异。就灌溉策略来说，RF 和 RFE 两年全生育期土壤平均含水率差值不超过 1%，CK 条件下 I_0 相比 I_1 含水率增加 3.77%（2019年），这主要是由于 I_1 水平在拔节后期至孕穗期灌水上限更高，而 2018年孕穗期降雨发生在灌水之后且达 47.2mm，对灌水效果产生了影响，成熟期两者虽有差异，但差异并未达显著水平。两年试验不同灌溉策略对苗期、孕穗期和成熟期含水率影响趋势基本一致，拔节期差异较大，这是由于 2018 年在拔节期降雨量高达 72.8mm，对试验灌溉效果产生了较大影响，从而使得 2018 年拔节期土壤含水率在各处理下差异均不显著。

3.2.2 全生育期不同土层平均含水率变化

图 3-5 为两年试验不同处理不同深度的平均土壤含水率变化，由图可知，土壤含水率在纵向随深度的增加而增加，且随深度增加差值逐渐递减，两年试验的不同深度平均土壤含水率均为 T2 最小、T3 最大。就种植方式来说，I_0 灌水水平下 RF、RFE 相比 CK 全生育期 0～100cm

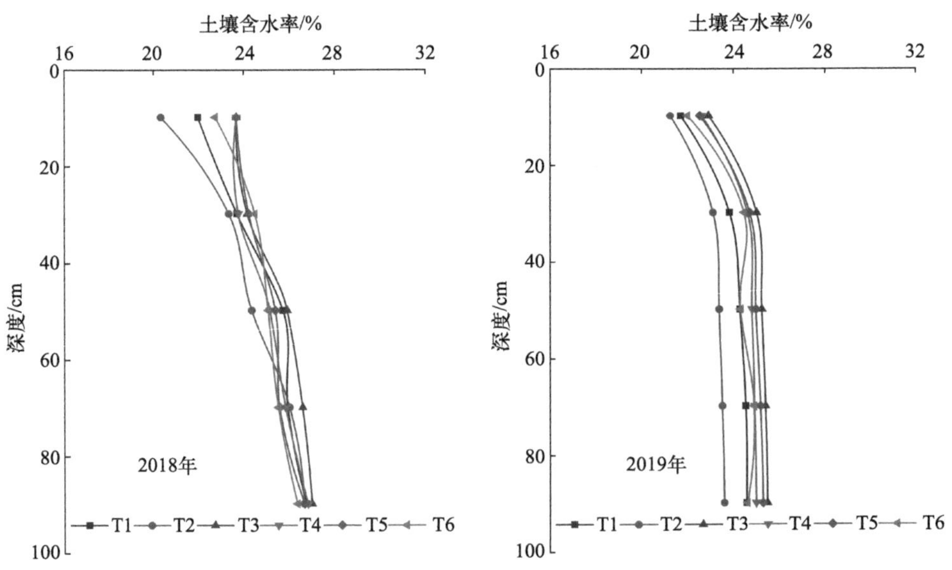

图 3-5　各处理生育期不同深度土壤含水率变化

土壤平均含水率增加 2.61%、1.15%（2018 平水年），4.29%、3.16%（2019 特旱年），I_1 灌水水平下 RF、RFE 相比 CK 全生育期 0～100cm 土壤平均含水率增加 3.81%、3.07%（2018 平水年），6.16%、4.71%（2019 特旱年），RF、RFE 由于地膜覆盖对土壤蒸发的抑制作用显著增加了生育期 0～100cm 平均含水率，尤其是 0～40cm 土壤含水率，促进效果 RF＞RFE，特旱年＞平水年。就灌溉策略来说，CK、RF、RFE 在 I_0 水平下相比 I_1 0～100cm 平均土壤含水率增加 2.85%、1.67%、0.94%（2018 年），3.53%、1.71%、2.00%（2019 年）。灌溉对于露地 0～100cm 土壤含水率的促进作用更高，一方面是由于灌水量不同，另一方面是由于地膜覆盖有保墒抑蒸的作用，且全膜覆盖条件下灌溉水只通过种植孔渗入，因而覆盖土体下水分状况相比露地更稳定。

3.2.3 不同种植方式土壤水分二维分布特征

以两年试验 T1、T3、T5 处理拔节期为例，对不同种植方式下土壤水分分布进行研究，作二维分布图如图 3-6 所示。图中 x 坐标“0”点是糯玉米所在位置，由图可以看出各处理土壤水分纵向均呈现自上而下逐渐递增、自作物侧向两侧逐渐递增的趋势。纵向来看，土壤水分最大值集中在 50～80cm 处，数值上来看从大到小依次是 RF＞RFE＞CK；横向来看，作物正下方土壤含水率最小，这是由根系吸水、地膜膜孔蒸

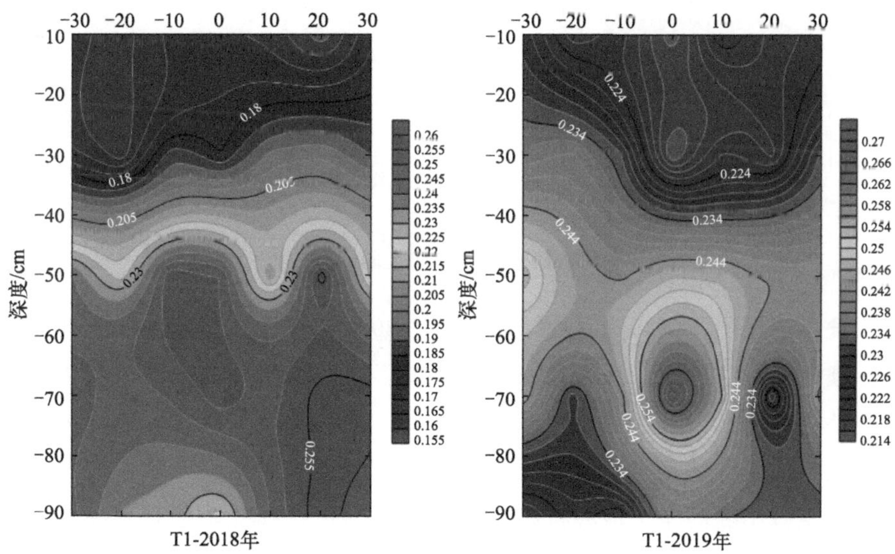

图 3-6

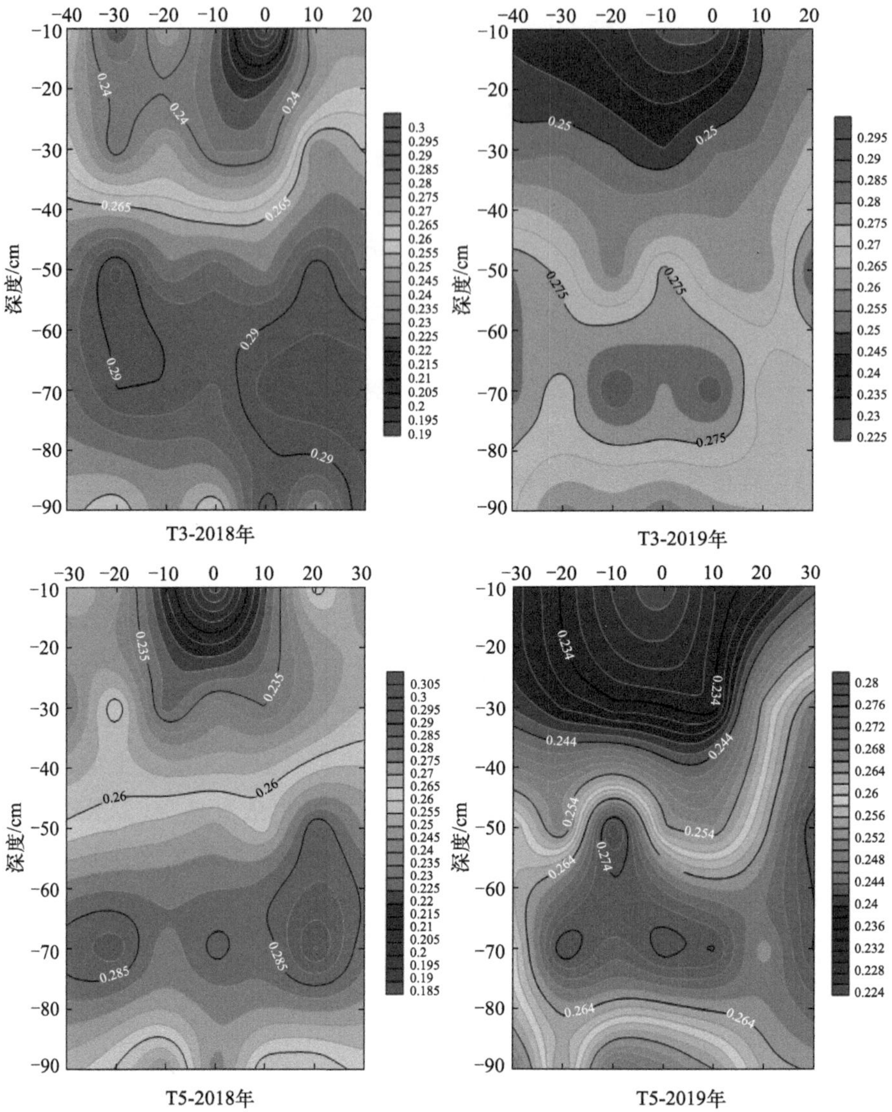

图 3-6　不同种植方式拔节期土壤水分二维分布图

发等造成的。陈光杰对比了宽窄行（80∶40）与等行距（60∶60）的土壤水分运移状况，认为在降雨情况下，沟内的水分侧向渗至垄内，及时补充垄内水分，起到了“库”的效果，在季节性干旱时供给沟内土壤和根系，且宽垄蓄水效果优于等行距，与笔者研究结果一致，笔者研究中行距减小提高了土地种植率，RF 相比 RFE 在膜孔附近含水率更高，且膜孔蒸发范围更小，纵向含水率更高，且横向同一土层含水率更高，蓄水效果更好，更有利于作物生长。

3.3 土壤水热对不同处理的响应研究

试验设计（design of experiment，DOE）方法对产生或形成最佳改进方案起着关键的作用，使用因子设计可以估计主效应和交互作用效应的显著性。将两年试验糯玉米各生育期的平均土壤温度和含水率运用 Minitab 19 软件进行因子设计，研究土壤水热状况对种植方式和灌溉的响应得其标准化效应的 Pareto 图如图 3-7 所示，主效应和交互效应如图 3-8 所示。

图 3-7 中，2.447 是自由度为 6 时双侧 95%对应的 t 值，用该数值判断试验因子对土壤水热的影响显著与否。从图 3-7 可以看出，对于土壤水热来说，种植方式的影响大于灌溉。地膜覆盖对于苗期和拔节期土壤水热的影响均达显著水平，灌溉对于拔节期地温的影响显著，随着生育期的推进，覆膜对于土壤水分的影响逐渐减弱，I_0 相比 I_1 对土壤水分有一定的促进作用，但是影响并未达显著水平，整个生育期来看，覆膜和灌溉的交互作用较小。

因子效应图可以根据需求预测因子取值，同时也可作为影响因子显著性的检验工具。交互作用是否显著可以根据交互作用图中两因子效应线是否平行进行判断，当其平行时，对计算结果影响不显著；反之，影响显著。分析图 3-8 可知，不同种植方式间，RF、RFE 相比 CK 对于各生育期土壤温度和水分回归线较陡，具有较大的正效应，这是由于地膜覆盖阻碍了土壤和大气间的水热交换，减少了土壤蒸发，保温保墒效果更好，其土壤水分含量、温度更高，而 RFE 相比 RF 则具有一定负效应或者效应不明显，这是由于对于垄沟结构来说，宽窄行的蓄水效果更好，水热稳定性更高；不同灌溉策略间，除孕穗期外，I_1 相比 I_0 对于各生育期土壤温度和水分具有一定的负效应，这主要是由于 I_1 灌水量更小，其土壤含水率也低，土壤温度稳定性较低，而在孕穗期 I_1 相比 I_0 的灌水上下限更高，该时期土壤水热状况更好；在糯玉米苗期和拔节期种植方式和灌溉策略间交互作用线基本平行，交互作用很小，孕穗期和成熟期存在一定的交互作用，但是对比图 3-7 可知交互作用并不显著。

综合来看，对于糯玉米生长来说种植方式的作用大于灌溉策略，RF 具有最大的正效应，灌溉策略间差值远小于种植方式，其作用效果与灌溉量的多少关系密切。

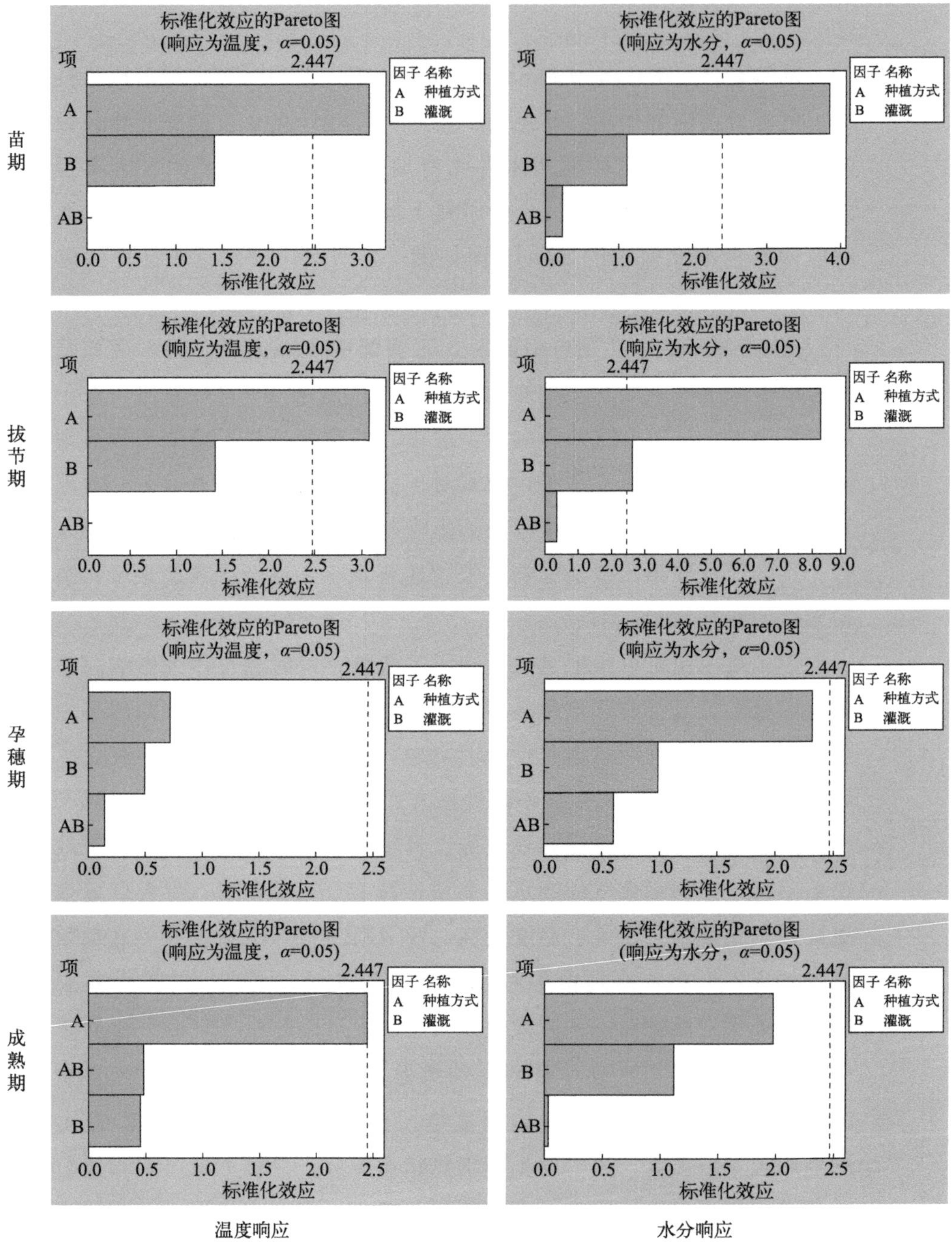

图 3-7　种植方式和灌溉策略对土壤温度和水分的标准化效应 Pareto 图

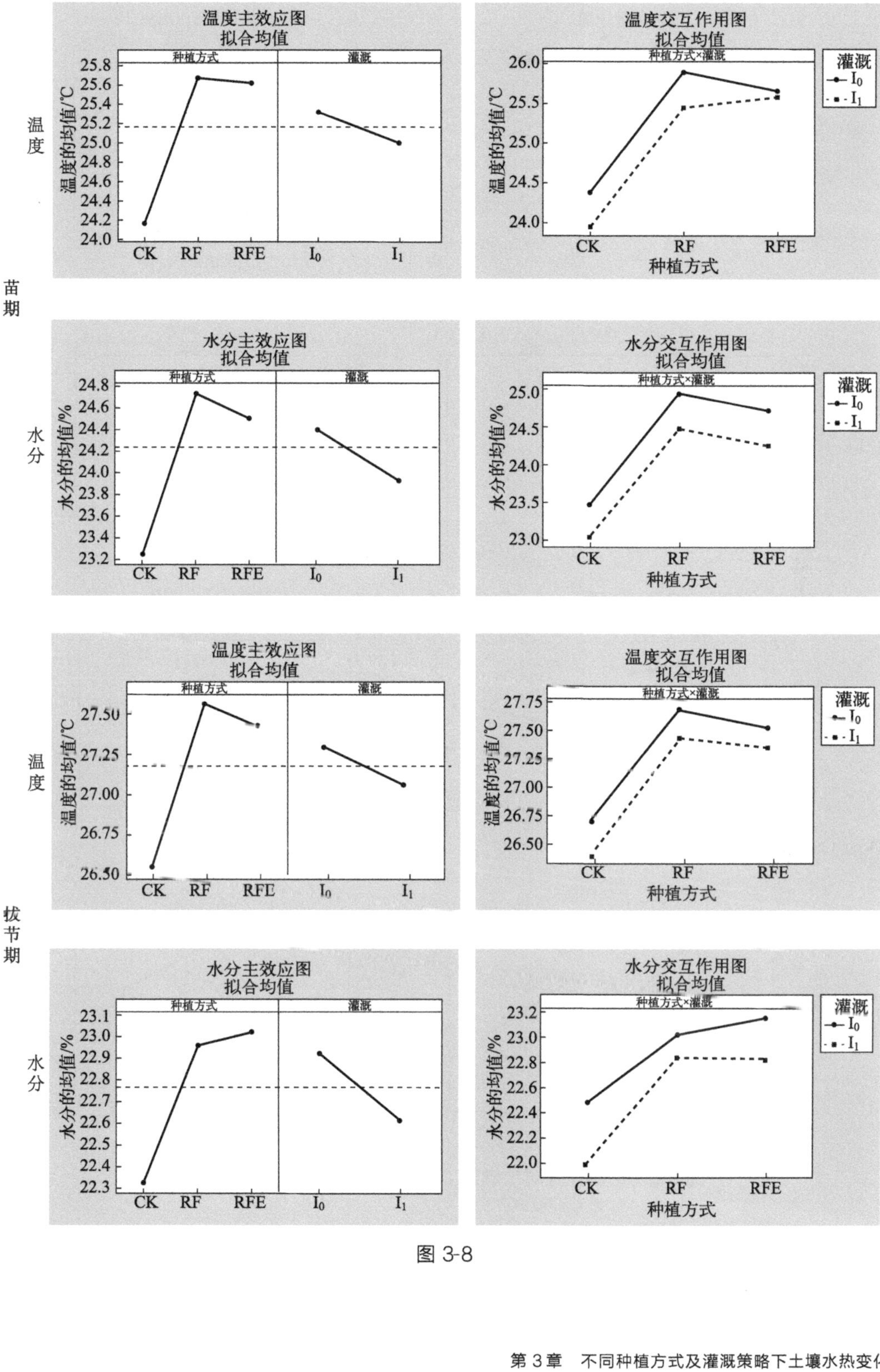

苗期
温度
温度主效应图
拟合均值
种植方式
灌溉
温度的均值/℃
温度交互作用图
拟合均值
种植方式×灌溉
灌溉
种植方式
水分
水分主效应图
拟合均值
水分的均值/%
水分交互作用图
拔节期
CK
RF
RFE
I0
I1

图 3-8

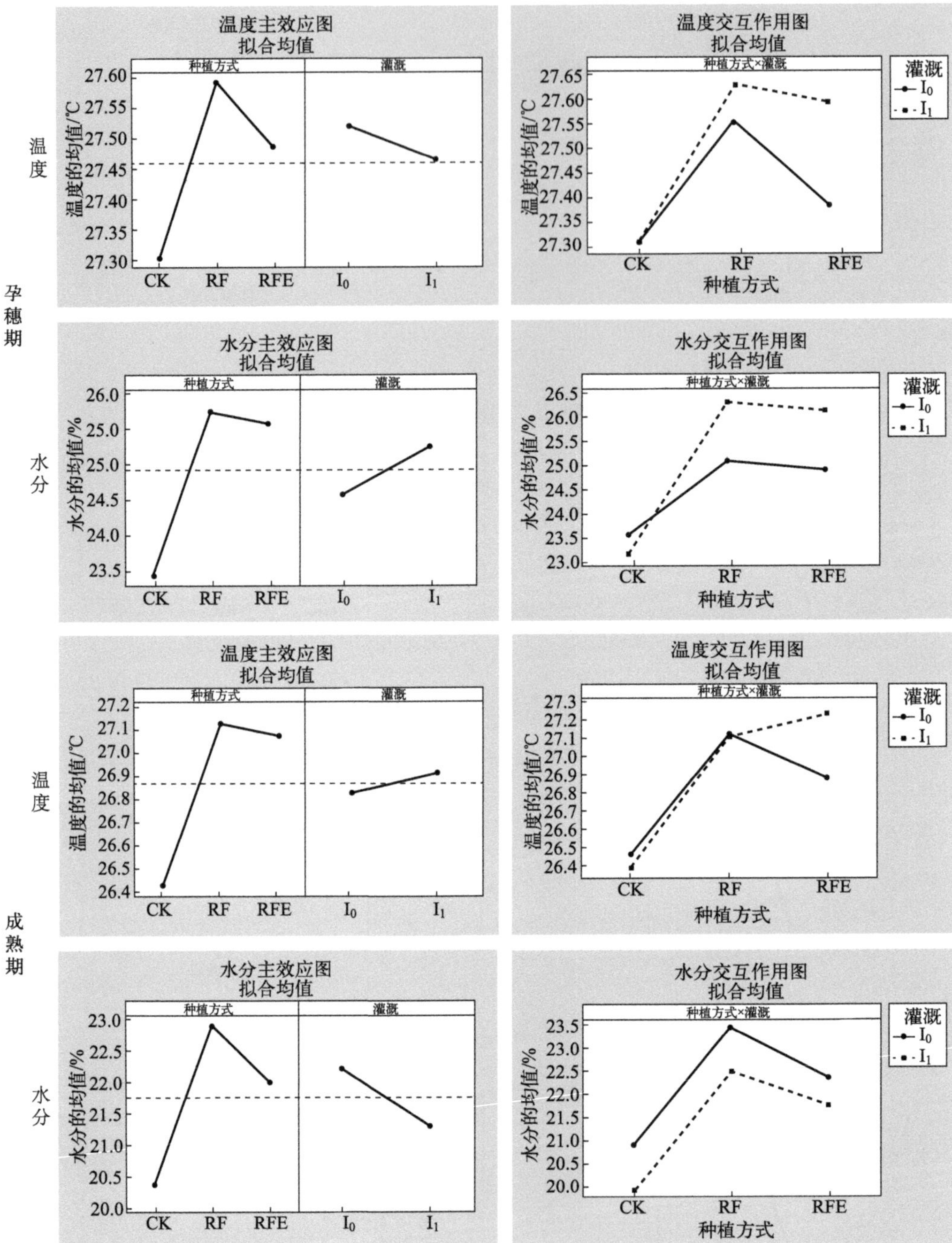

图 3-8　不同处理对土壤温度和水分主效应和交互效应图

3.4 土壤水热运移模拟

运用 HYDRUS-2D 对不同种植模式下糯玉米生育期土壤水热运移进行模拟，可以明确考虑垄沟几何尺寸，有助于探索地膜覆盖及不同垄沟形态对土壤水热分布规律的影响，为垄沟覆盖系统的设计提供理论基础，是合理制定灌溉策略的前提，也是预测土壤水热状况、进行科学田间管理的有效手段。

3.4.1 土壤水热运移数学模型构建

运用 HYDRUS-2D 2.05 版本对不同种植方式下水热传输进行模拟，该模型采用 Galerkin 有限元法求解变饱和多孔介质中的水流 Richards 方程和热运移的对流弥散方程。

3.4.1.1 水流方程

将试验田土壤水分运动模拟为二维垂直面上的水流运动，忽略水汽输送，水流的控制方程如下：

$$\frac{\partial\theta(h)}{\partial t}=\frac{\partial}{\partial x}\left[K(h)\frac{\partial h}{\partial x}\right]+\frac{\partial}{\partial z}\left[K(h)\frac{\partial h}{\partial z}+K(h)\right]-S(h) \quad (3\text{-}1)$$

式中，θ 为土壤体积含水率，%；h 为压力水头，cm；$K(h)$ 为非饱和导水率，cm/d；t 为模拟时间，d；x 和 z 为水平和垂直坐标，cm；S 为根系吸水项，指单位时间单位体积土壤中根系吸水率，/d。

土壤水力函数采用 van Genuchten-Mualem 模型，如式(3-2)～式(3-4)所示：

$$\theta(h)=\theta_r+\frac{\theta_s-\theta_r}{[1+|\alpha h|^n]^m} \quad m=1-\frac{1}{n}, n>1 \quad (3\text{-}2)$$

$$K(h)=K_sS_e^l[1-(1-S_e^{\frac{1}{m}})^m]^2 \quad (3\text{-}3)$$

$$S_e=\frac{\theta(h)-\theta_r}{\theta_s-\theta_r} \quad (3\text{-}4)$$

式中，θ_s 为饱和土壤含水率，%；θ_r 为残余土壤含水率，%；n、m、α 为形状参数；S_e 为相对饱和度；K_s 为饱和导水率，cm/d；l 为孔隙关联度参数，通常取 0.5。

3.4.1.2 根系吸水

式(3-1) 中表示根系吸水的汇项 $S(h)$ 采用 Feddes 模型进行计算：

$$S(h,x,z)=\alpha(h)b(x,z)T_{p}L_{t} \tag{3-5}$$

$$b(x,z)=\frac{b'(x,z)}{\int_{\Omega_R} b'(x,z)\mathrm{d}\Omega} \tag{3-6}$$

$$\alpha(h)=\begin{cases}\dfrac{h_1-h}{h_1-h_2} & h_2<h\leqslant h_1\\ 1 & h_3\leqslant h\leqslant h_2\\ \dfrac{h-h_4}{h_3-h_4} & h_4\leqslant h<h_3\end{cases} \tag{3-7}$$

式中，$b(x, z)$ 为根系吸水分布参数，$/cm^2$；T_p 为潜在腾发速率，cm/d；$\alpha(h)$ 为根系吸水引起的水分胁迫响应函数，无量纲；L_t 为与作物蒸腾过程有关的土壤表面宽度，cm；h_1 是根系吸水厌氧点压力水头，cm；h_2 是根系吸水最适的压力水头，cm；h_3 是根系吸水结束的压力水头，cm；h_4 是根系吸水萎靡点压力水头，cm。根系吸水参数参考 Wesseling 等提出的参考值，直接在软件中选定。通过对式(3-5) 在根区进行积分，可以得到总的实际根系吸水量，HYDRUS-2D 中，$b(x, z)$ 根据 Vrugt 等（2001）提出的模型计算：

$$b(x,z)=\left[\left(1-\frac{z}{Z_m}\right)\right]\left[\left(1-\frac{x}{X_m}\right)\right]\mathrm{e}^{-\left(\frac{p_z}{Z_m}|z^*-z|+\frac{p_x}{X_m}|x^*-x|\right)} \tag{3-8}$$

式中，Z_m 和 X_m 为 z 和 x 方向上的最大根系长度（文中分别取 80cm 和 30cm）；z^* 和 x^* 为垂直和水平方向最大根系吸水量的位置（文中分别取 20cm 和 0cm）；p_z 和 p_x 是经验系数。

3.4.1.3 土壤热运移

忽略水汽输送，土壤二维热运移函数公式如式(3-9)：

$$C(\theta)\frac{\partial T}{\partial t}=\frac{\partial}{\partial x_i}\left[\lambda_{ij}(\theta)\frac{\partial T}{\partial x_j}\right]-C_w q_i\frac{\partial T}{\partial x_i} \tag{3-9}$$

式中，$C(\theta)$ 为多孔介质总体积热容量，J/(cm^3·℃)；T 为土壤温度，℃；$\lambda_{ij}(\theta)$ 为土壤导热系数，W/(cm·℃)；C_w 为液体的体积热容量，J/(cm^3·℃)；q_i 为水分通量，cm/d。$C(\theta)$ 由式(3-10) 计算：

$$C(\theta)=C_n\theta_n+C_o\theta_o+C_w\theta_w \tag{3-10}$$

式中，下标 n、o 和 w 分别表示土壤中的固相、有机质和液相。

$\lambda_{ij}(\theta)$ 由式(3-11) 确定：

$$\lambda_{ij}(\theta)=\lambda_T C_w|q|\delta_{ij}+(\lambda_L-\lambda_T)C_w\frac{q_j q_i}{|q|}+\lambda_0(\theta)\delta_{ij} \tag{3-11}$$

式中，λ_T 为横向热分散性，cm；λ_L 为纵向热分散性，cm；δ_{ij} 为 Kronecker delta 函数；$\lambda_0(\theta)$ 为导热系数，用式(3-12) 进行计算：

$$\lambda_0(\theta)=b_1+b_2+b_3\theta^{0.5} \tag{3-12}$$

式中，b_1、b_2、b_3 为经验系数，W/(m·℃)。

3.4.1.4 定解条件

网格划分：模拟区域为以糯玉米植株为中心，水平延伸为各 0.5 倍行距，即与两边行距中点重合，垂直延伸为 1.0m 的二维区域，有限元网格尺寸划分如下：地表 0～20cm 为 0.5cm、20～60cm 为 1cm、60～100cm 为 3cm。

边界条件：运用 HYDRUS-2D 对于不同处理土壤水热模拟的边界条件设置如图 3-9 所示，软件不能识别是否覆膜，通过边界条件的设置进行区分，试验地地下水埋藏大于 50m，故不考虑地下水的影响。水分模拟边界：所有处理垂直均为零通量边界，下边界为自由排水边界，CK 灌溉沟内过水面为变通量边界，其余部分为大气边界，RF 和 RFE 地膜覆盖部分为变通量边界（设置水通量为零），种植孔部分（孔径约 4cm）为大气边界。热模拟边界：所有处理垂直均为零通量边界，下边界为第三类边界，上边界地膜覆盖和露地沟灌过水面为第三类边界，其余为第一类边界。

初始条件：假设土壤初始含水量、土壤温度沿水平方向均匀分布，则土壤水分和温度运动的初始条件为：

$$\theta_i(x,z,0)=\theta_{0i}\quad 0\leqslant x\leqslant 110\text{cm};0\leqslant z\leqslant 100\text{cm};i=1,\cdots,5 \tag{3-13}$$

$$T_i(x,z,0)=T_{0i}\quad 0\leqslant x\leqslant 110\text{cm};0\leqslant z\leqslant 100\text{cm};i=1,\cdots,5 \tag{3-14}$$

输入降雨量时，为体现全膜双垄沟的集雨效果，RF 和 RFE 将 2 倍降雨量输入模型进行求解。

3.4.1.5 参数率定

运用 2019 年糯玉米生育期土壤水热实测值对参数进行优化。土壤

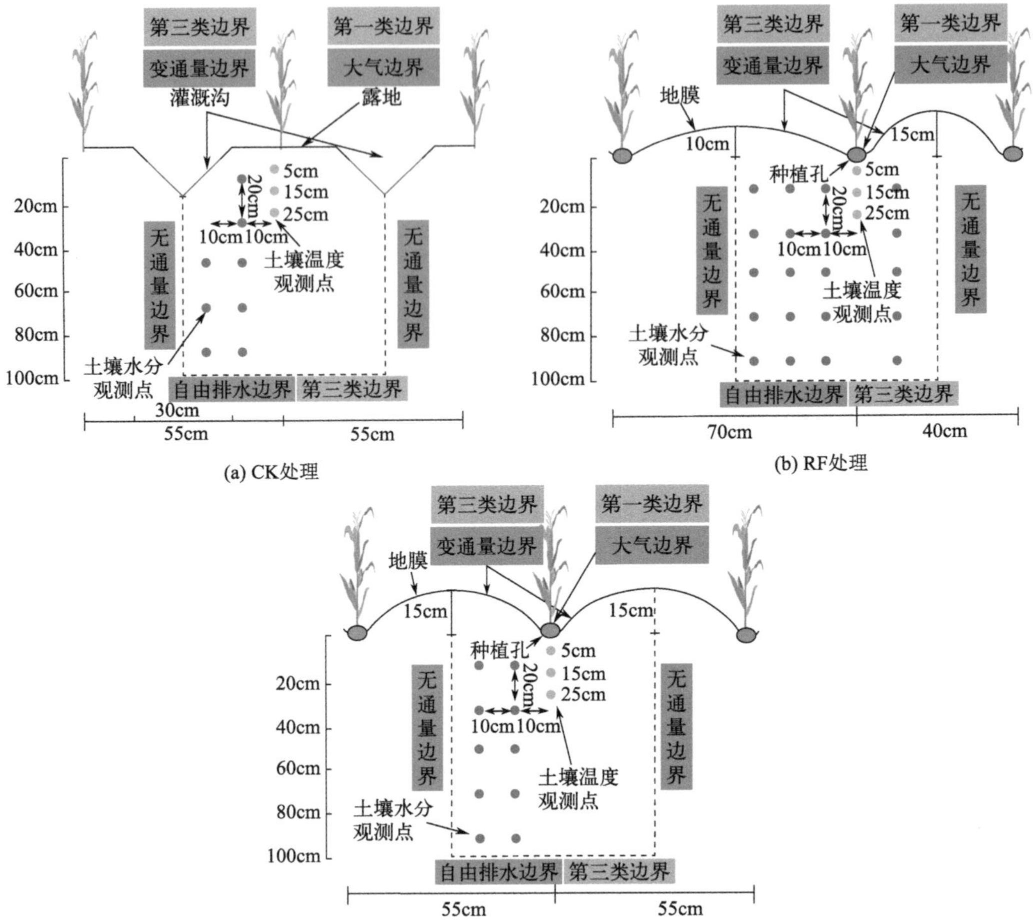

(a) CK处理　(b) RF处理　(c) RFE处理

图 3-9　不同处理 HYDRUS-2D 土壤水热模拟观测点布置及边界条件设置

颗分数据由 HWSD 土壤数据库获得，从该数据库可以获得 0～30cm 和 30～100cm 土层的黏粒、沙粒及粉粒百分比，因此模拟时将模拟区域土质划分为两层，并结合土壤容重由软件预测土壤水力参数。软件参数优化通过反算进行，该优化方法基于 Levenberg-Marquardt 非线性最小化方法，将估算出的参数作为反算的初始值，对 θ_r、θ_s、α、n 和 K_s 进行优化，使计算值与土壤水分实测值得到较好的拟合效果。确定土壤水分运动参数后，对各处理进行水热耦合模拟，对 0～30cm 土壤热流参数进行优化，热流参数初始值为软件默认值。优化后的土壤水分运移参数见表 3-3，热运移参数见表 3-4。

表 3-3 土壤水分运移模拟参数

不同处理		θ_r/%	θ_s/%	α/(1/cm)	n	K_s/(cm/d)	l
露地	0~30cm	0.08058	0.4828	0.02163	1.503	192.1	0.5
	30~100cm	0.07217	0.398	0.01158	1.472	81.61	0.5
地膜	0~30cm	0.04966	0.4325	0.03235	1.581	106.7	0.5
	30~100cm	0.05484	0.4231	0.02552	1.487	61.32	0.5

表 3-4 土壤热运移模拟参数

不同处理	θ_n /%	θ_o /%	λ_L /cm	λ_T /cm	b_1 /[W/(cm·℃)]
露地	0.583	0	5	1	8.44×10^{11}
地膜覆盖	0.735	0	5	1	8.89×10^{13}
不同处理	**b_2 /[W/(cm·℃)]**	**b_3 /[W/(cm·℃)]**	**C_n /[W/(cm·℃)]**	**C_o /[W/(cm·℃)]**	**C_w /[W/(cm·℃)]**
露地	5.53×10^{16}	1.89×10^{17}	1.43×10^{14}	1.87×10^{14}	3.12×10^{14}
地膜覆盖	3.16×10^{16}	9.83×10^{16}	1.43×10^{14}	1.87×10^{14}	3.12×10^{14}

采用 R^2 反映各处理土壤水分和温度模拟值与实测值的相关程度，RMSE（均方根误差）和 MRE（模型相对误差）评价模型性能。计算公式如式(3-15)、式(3-16)：

$$\mathrm{RMSE}=\sqrt{\sum_1^N \frac{(S_i-O_i)^2}{N}} \tag{3-15}$$

$$\mathrm{MRE}=\frac{1}{N}\sum_1^N \frac{|S_i-O_i|}{S_i}\times 100\% \tag{3-16}$$

式中，O_i 为实测值；S_i 为模拟值；N 为实测值总数。

3.4.2 模型校准及验证

运用 2019 年糯玉米各生育期 5cm、15cm、25cm 处土壤温度及 0～20cm、20～40cm、40～60cm、60～80cm、80～100cm 土壤含水率实测值进行模型参数的率定，并用 2018 年试验数据进行验证。运用率定得到的参数（见表 3-3、表 3-4）对各处理土壤水热运移进行模拟，对比各生育期观测点位置（图 3-9）土壤温度及含水率的观测值和模拟值见图 3-10 和图 3-11。由图 3-10 可知，模型率定期（2019 年）不同处理模拟值与实测值基本均匀分布在 1：1 线的两侧，各处理含水率 RMSE 范围为 0.015%～0.017%，MRE 范围为 5.36%～7.03%，R^2 为 0.61～0.77，不同处理土壤温度 RMSE 范围为 0.65～0.81℃，MRE 范围为 2.06%～2.56%，R^2 为 0.79～0.90，模拟精度较高，表明模型及参数可以较好地模拟 2019 年各处理不同深度土壤水热状况。

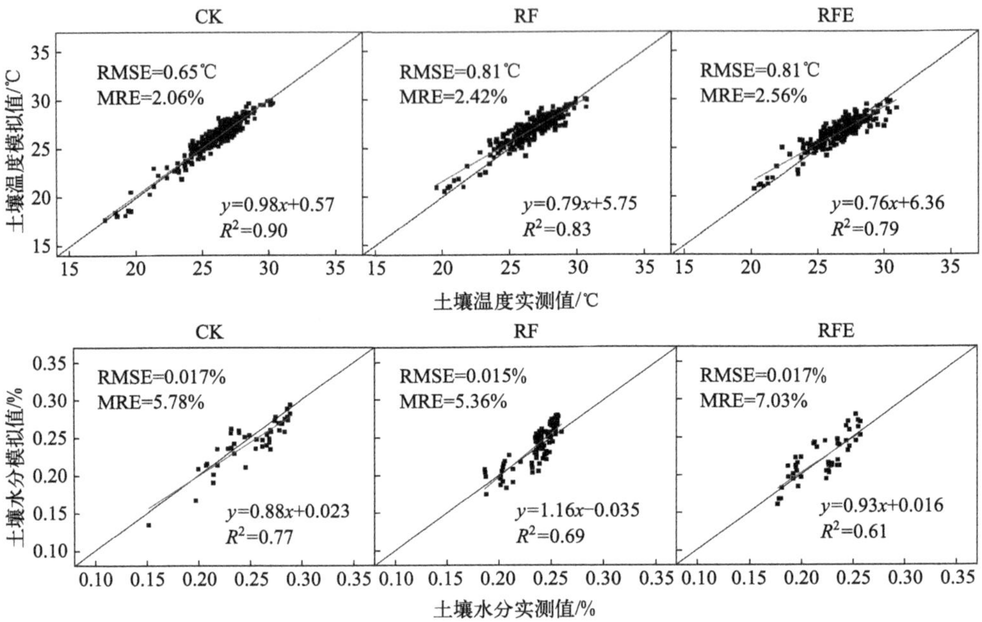

图 3-10 基于 HYDRUS-2D 土壤水热模拟的率定结果

模型验证期（2018 年）模拟结果见图 3-11，由图可知各处理含水率 RMSE 范围为 0.015%～0.018%，MRE 范围为 5.41%～6.68%，R^2 为 0.58～0.69，温度 RMSE 范围为 0.97～1.04℃，MRE 范围为 3.02%～3.08%，R^2 为 0.71～0.78，表明基于 HYDRUS-2D 构建的露地沟灌及全膜垄沟系统膜孔灌溉条件下土壤水热运移模型精度较好，可满足要求。

3.4.3 土壤水热的动态变化

以 2019 年距糯玉米植株 10cm 处的 0～100cm 的一组剖面为例进行分析，图 3-12 为该剖面各处理不同深度土壤含水率随时间的动态变化曲线。由图可知各处理土壤含水率因降雨或灌溉而增加，尤其是表层土壤响应迅速，而后逐渐降低直至下一次的降雨或灌溉，覆膜、灌水方式和

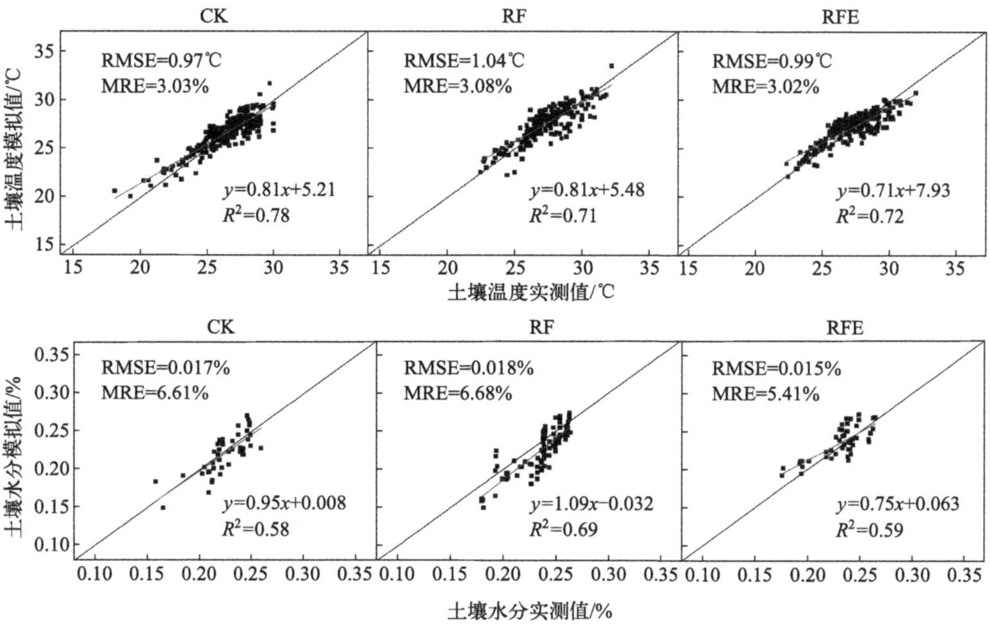

图 3-11　基于 HYDRUS-2D 土壤水热模拟的验证结果

灌水量均对土壤含水率有一定的影响。结果表明，全膜覆盖相比露地种植其土壤含水率的波动幅度小，RF 和 RFE 由于塑料地膜对降雨和灌溉水入渗以及对土壤蒸发的阻碍使其对于 20cm 以下土层含水率几乎没有影响，而 CK 则由于其开放表面在降雨或灌溉事件发生时能接纳更多水量下渗，降雨对于 40cm 以下土层含水率影响较小，灌水对于 1m 以内的土层均有一定影响，且其含水率增量从上到下依次减小，这与不同处理土壤表面有无覆盖以及灌水方式有关。对比不同处理灌溉时土壤含水率的变化，露地采用沟灌而全膜覆盖采用膜孔灌溉，可以看出沟灌的入渗深度更深，但是含水率下降的斜率更大，而膜孔灌不足以补充 20～40cm 以下土层含水率，塑料地膜对土壤蒸发的阻碍作用使其水分含量下降缓慢，随时间变化较小，随着灌水量的增加，灌溉后的峰值也越大。也可以看出，模拟对于 40cm 以下土层的含水率模拟精度高于 0～40cm，尤其是 0～20cm，模拟值低于实测值，这与模型表面边界选取及参数有关，此外随覆膜后时间的推移对于地膜可能出现的破损、错位及撕裂等可能增加水分入渗的情况在模型中也未加以考虑，这都是模拟值低于实测值的可能因素。

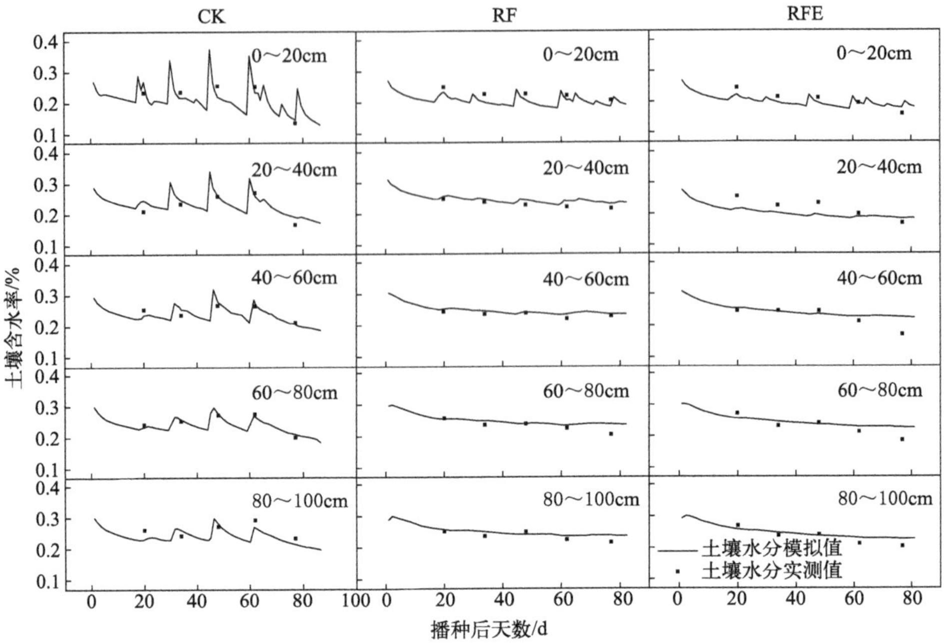

图 3-12　土壤水分动态变化图

图 3-13 为不同处理 5cm、15cm 及 25cm 处地温随时间的动态变化曲线。结果表明各处理不同深度的土壤温度变化趋势相似，5cm 相比 15cm、25cm 处土壤温度波动更大，RF 和 RFE 在 5cm 处生育期内实测地温平均值相比 CK 约增加 5.5%，15cm 处约增加 2.2%，随深度增加增幅减小。CK 相比 RF 和 RFE 其地温振幅更大，5cm 处振幅差为 2.4～2.64℃，15cm 处振幅差为 1.83～2.69℃，25cm 处振幅差为

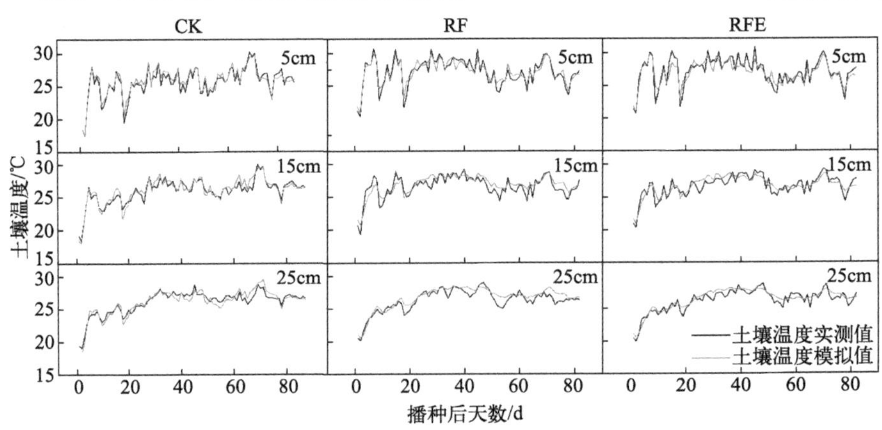

图 3-13　土壤温度动态变化图

0.92～1.0℃，这也说明了地膜覆盖可以通过增加最低温或降低最高温来抑制温度波动。随着生育期推移，糯玉米冠层增大，在糯玉米拔节中后期开始，地膜覆盖对土壤温度的增温效应开始减弱，直至差异不明显。

3.4.4 不同种植方式灌溉或降雨过程土壤水热分布规律

选取 2019 年试验生育期内一次灌溉前 1 日、灌溉当日和灌溉后 1 日（即播种后 29d、30d 和 31d，灌水量 CK 为 60mm，RF 和 RFE 为 40mm）的土壤水热二维分布进行分析，由于 RF 和 RFE 均为全地膜覆盖，灌溉和降雨都通过种植孔进入土壤，而 CK 降雨和灌溉水入渗方式不同，故另选取 CK 处理一次降雨前 1 日、降雨当日和降雨后 1 日（即 64d、65d 和 66d，降雨量为 23.5mm）土壤二维分布进行分析，而 RF 和 RFE 则不另加分析，各处理土壤水热二维分布见图 3-14，水流矢量见图 3-15。

结合图 3-14 和图 3-15 进行分析，降雨或灌溉后地膜覆盖和灌水方式对于水分运动均有较大的影响。就三种种植方式一次灌水过程进行分析，灌水前一日各处理 1m 内土壤平均含水率均从上至下逐渐增加，从大到小依次为 RF＞RFE＞CK，RF、RFE 分别较 CK 高 8.78％和 3.85％，区别主要在 40cm 以下土层，CK 由于土壤蒸发在 0～60cm 深度水流方向向上，而在 60～100cm 深度向下，60cm 处形成了分界线，而 RF 和 RFE 由于塑料地膜对土壤蒸发的阻碍使得水流方向则均向下。灌水当日 CK 灌溉水流自灌水沟入渗，1m 土层内水流方向均向下，流动速度自灌水沟至作物侧，自上而下逐渐减小，沟灌的入渗深度更深，可达到 80～100cm，当日土壤含水率迅速升高，也说明了更容易深层渗漏。RF 和 RFE 灌水自种植孔入渗，种植孔附近形成湿润球，入渗深度不超过 30cm，由种植孔向外入渗速度逐渐减小，灌溉不足以补充 RF 大垄垄顶和 RFE 的垄顶处水分。RF、RFE 灌水当日引起的土壤含水率增量小于 CK，这主要是由于灌水量及地膜层向上蒸发的速度较大，灌水后也加剧了土壤的蒸发，1m 内含水率随深度先增大后减小，RF、RFE 水流方向向下，RF 从小垄垄顶向大垄垄顶方向运动而 RFE 则由种植孔向两个垄顶运动，含水率均从上到下逐渐增加，三种处理灌水后一日土壤含水率从大到小依次为 CK＞RF＞RFE。

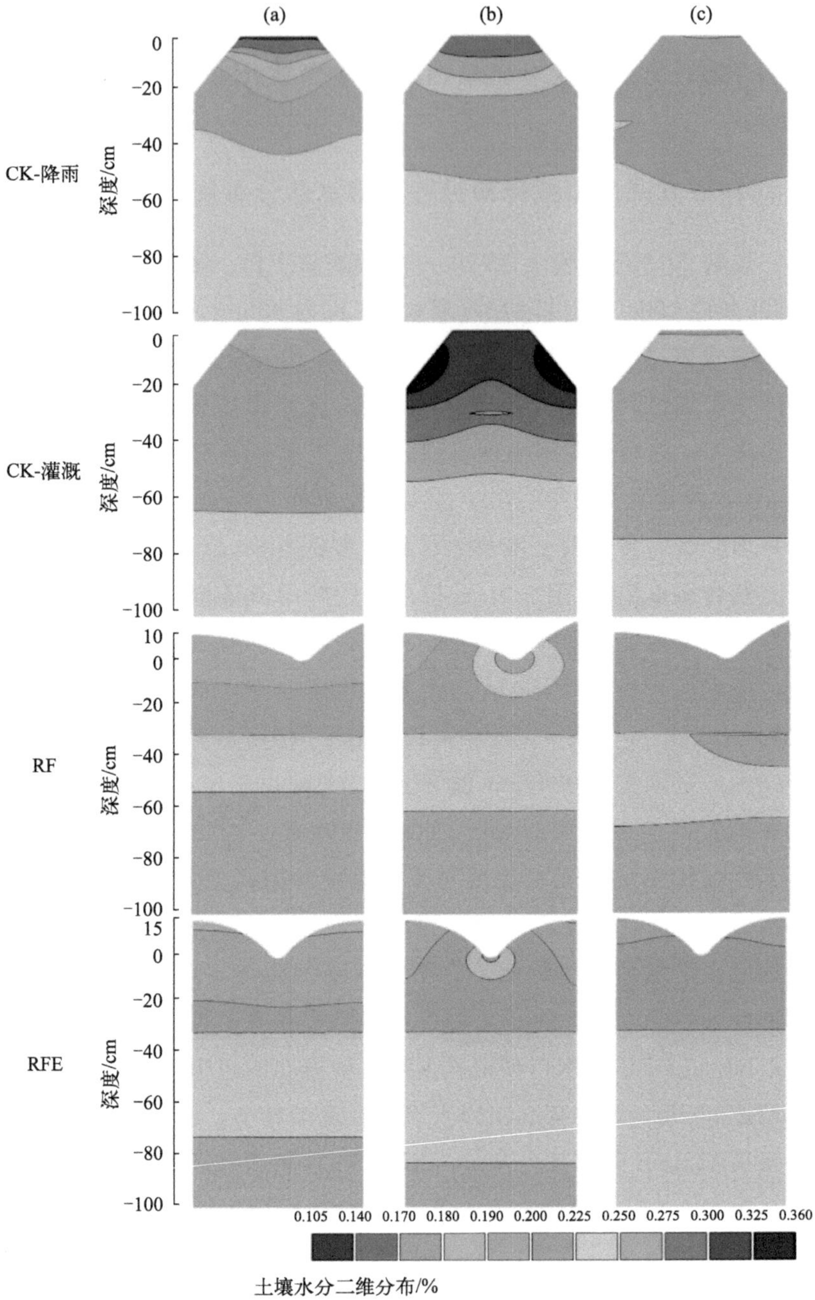
(a)
(b)
(c)
CK-降雨
CK-灌溉
RF
RFE
深度/cm
0.105 0.140 0.170 0.180 0.190 0.200 0.225 0.250 0.275 0.300 0.325 0.360
土壤水分二维分布/%

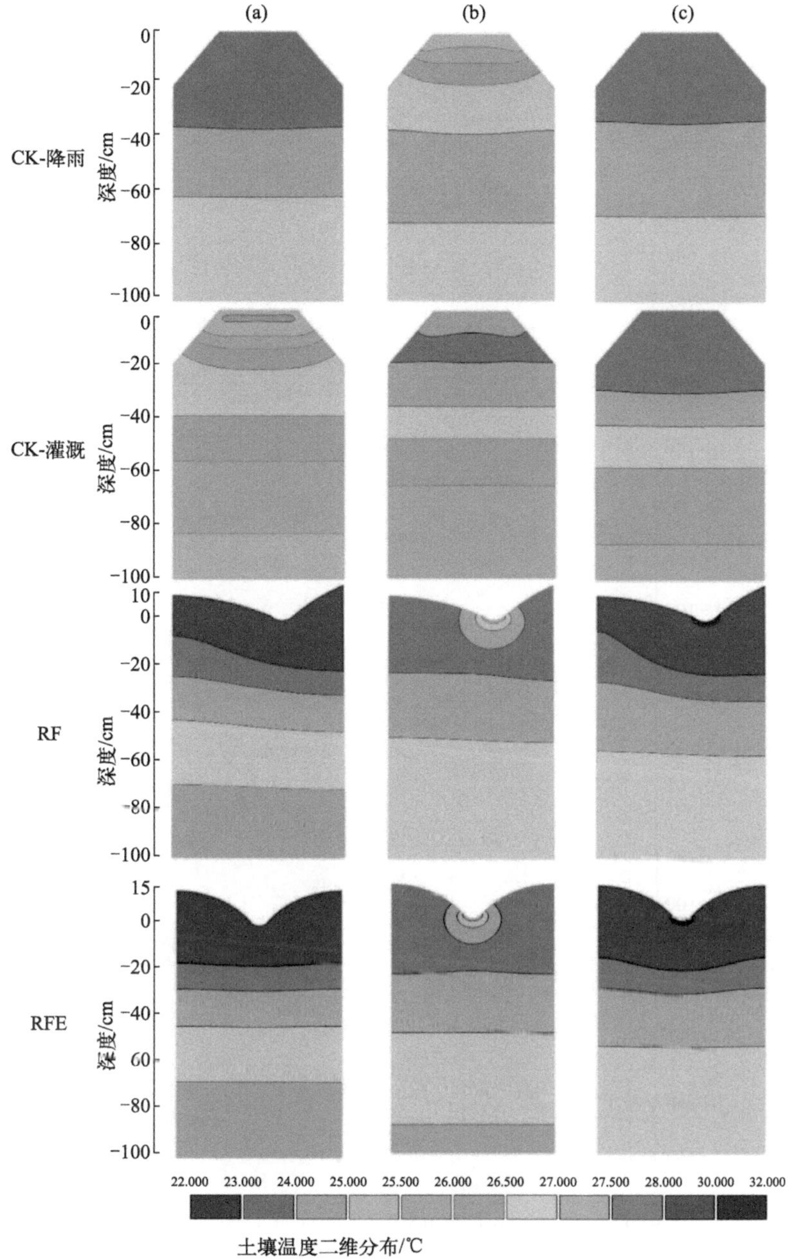

图 3-14 土壤水热二维分布图

（a）为降雨或灌溉前一日；（b）为降雨或灌溉当日；（c）为降雨或灌溉后一日

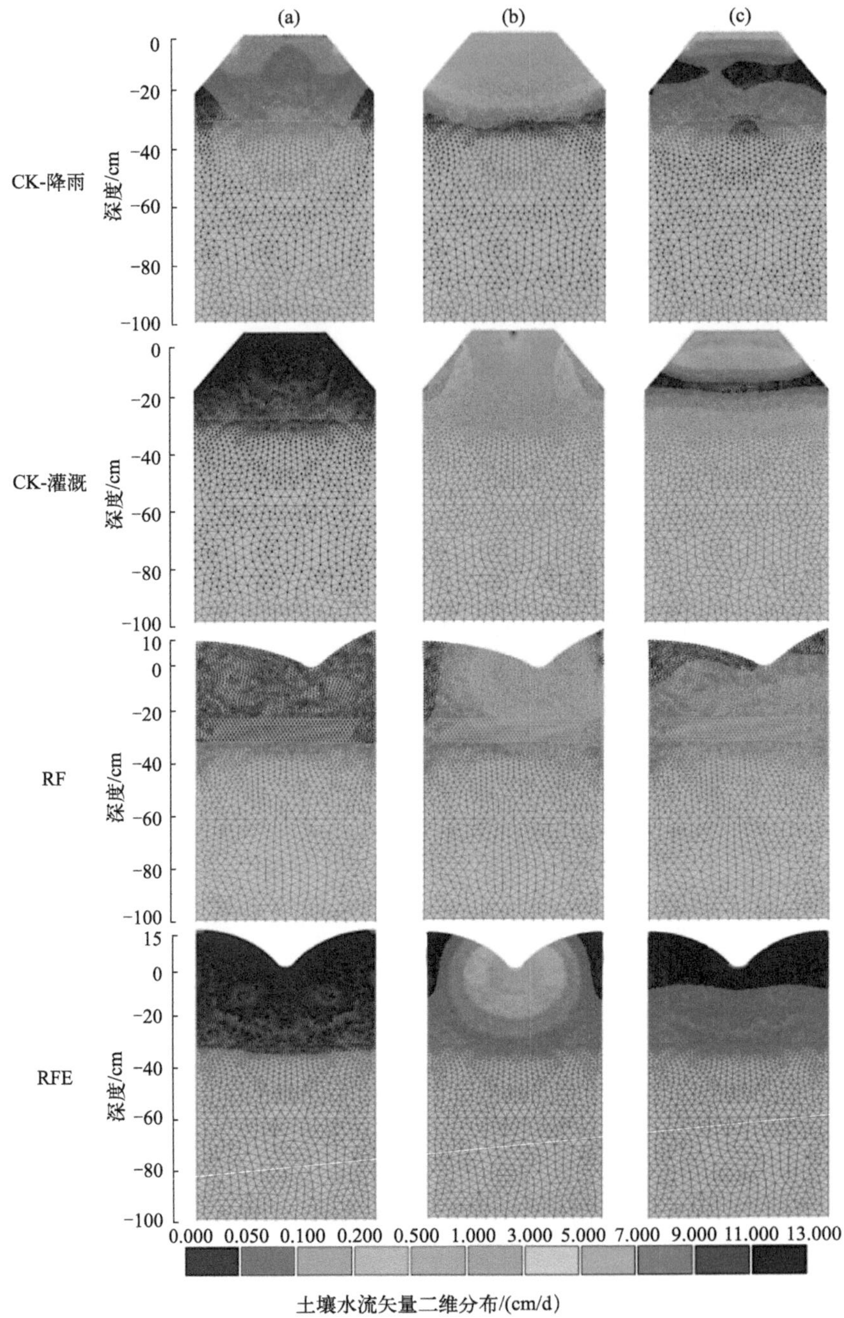

图 3-15 模拟水流矢量分布图

（a）为降雨或灌溉前一日；（b）为降雨或灌溉当日；（c）为降雨或灌溉后一日

对CK处理的一次降雨过程进行分析，降雨前土壤含水率分布为自上而下逐渐增加，由作物侧至两侧逐渐增加，降雨自裸露地表入渗，水流方向为0～30cm、70～100cm向下，30～70cm向上，速度随深度增加逐渐减小，导致含水率自上而下先减小后增加，降雨后一日表层0～15cm水流向上移动且速度较大，使土壤表层蒸发量变大。整个降雨过程50cm以下土壤含水率相对稳定，主要影响了30cm以内土壤含水率。对露地降雨和灌溉过程进行对比可以看出，其区别主要在于入渗位置，影响深度、水量分布等，而这同时也受到入渗水量的影响，水量主要影响土壤的湿润半径。

分析一次降雨或灌溉过程土壤地温的变化，在灌水前一日，地膜覆盖区地温远高于露地，RF、RFE在0～25cm平均地温相比CK分别增加6.91%（1.82℃）、3.97%（1.05℃），且5cm处增幅最大，CK地温分布为从上到下先增加后减小，而覆膜组则比较一致，均为自上而下逐渐减小。这主要是由于露地表层地温受到太阳辐射、日照时长及昼夜温差的影响，而地膜覆盖减弱了上层空气的湍流交换且消除了潜热交换使得土壤热通量增加，表现出水热耦合过程。灌水后一日地温有所回升，这与气象、土壤含水率情况及覆膜与否都有关系，当日气温与前一日相比增加3.06℃，RF、RFE在5cm处地温均比CK高3℃以上，一方面与覆膜有关，另一方面由于灌后一日露地土壤含水率较高，土壤热容增加，温度回升较小。一次降雨过程引起的土壤地温变化与灌溉过程类似，也表现出明显水热耦合过程，区别主要在于耦合位置不同。

第 4 章

不同种植方式及灌溉策略下糯玉米耗水过程

不同种植方式和灌溉策略下的土壤水热耦合效应必然影响糯玉米的生长及生理活动，从而使其耗水过程发生变化，进而影响产量。全膜双垄沟播技术通过减少土壤蒸发提高水分利用效率，可用于解决水资源短缺和作物需水之间的供需矛盾。随着该技术应用范围越来越广，尤其在干旱、半干旱地区降雨不能满足糯玉米的实际需水量，需要在生育期进行灌溉，研究全膜双垄沟播与非充分灌溉耦合条件下糯玉米不同生育阶段的水分消耗和作物系数的规律对于合理制定灌溉策略、提高用水效率有重要意义。

蒸散发是一个复杂的过程，受天气、作物及管理条件（例如地膜覆盖）的影响，目前对于如何量化地膜覆盖对作物蒸散发过程的影响还不明确。地膜覆盖导致农田微气象条件和地表能量传递的复杂变化，调整现有的计算模型对于更准确地估算 ET 是很重要的。本章采用 FAO 推荐的双作物系数法结合水量平衡法对不同种植方式和灌溉策略下糯玉米逐日蒸散发进行估算，探索其蒸散发规律。

现有相关研究针对覆膜条件较少，尤其在全膜双垄沟播条件下大多忽略了膜孔蒸发。围绕上述问题，本章量化了地膜覆盖条件下地温对气温的增减效应，基于双作物系数法和水量平衡对彭曼-蒙特斯方程的计算参数进行调整，探求糯玉米全膜双垄沟播条件下的蒸散量计算方法，并分析不同的种植方式和灌溉策略耦合条件下糯玉米的耗水规律及耗水结构。

4.1 糯玉米蒸散量估算模型构建

4.1.1 全膜双垄沟播条件下蒸散量计算温度修正

地膜对近地层热量交换的阻碍作用，增加了净辐射热量收入，抑制了土壤表层由蒸发作用引起的土壤降温效应，因此地膜覆盖糯玉米可以提高土壤温度、缩短糯玉米生育进程。地膜覆盖条件下 ET 计算中的温度考虑同一生育期内地积温对有效气积温的补偿效应，修正办法如下：

$$T_{\text{a-mulch}} = T_{\text{a}} + \Delta T \tag{4-1}$$

式中，$T_{\text{a-mulch}}$ 为玉米覆盖后的日均气温，℃；T_{a} 为日均气温，℃；ΔT 为地膜覆盖条件下地积温每增加或减少 1℃对气积温的补偿值，其值可用经验公式表示为：

$$\Delta T = \frac{C(T_{sf} - T_s)(T_a - T_b)}{T_s - T_b} \tag{4-2}$$

$$C = \frac{T_{cum\text{-}NMA} - T_{cum\text{-}MA}}{T_{cum\text{-}MS} - T_{cum\text{-}NMS}} \tag{4-3}$$

$$T_{cum} = \sum_{n=1}^{i} (T_0 - T_b) \tag{4-4}$$

$$T_a = \frac{T_{max} + T_{min}}{2} \tag{4-5}$$

式中，C 为覆膜玉米的转换系数；T_{sf} 为覆盖糯玉米 5cm 土层日均地温，℃；T_s 为露地 5cm 土层日均地温，℃；T_b 为玉米生物学下限（基点）温度（取 8℃）；$T_{cum\text{-}NMA}$ 为露地糯玉米气积温，℃；$T_{cum\text{-}MA}$ 为覆盖糯玉米气积温，℃；$T_{cum\text{-}MS}$ 为覆盖糯玉米地积温，℃；$T_{cum\text{-}NMS}$ 为露地糯玉米地积温，℃；T_{cum} 为有效积温，℃；T_0 为日均气温 T_a 或日均地温 T_s；T_{max} 为日最高气温或覆膜后最高气温，℃；T_{min} 为日最低气温或覆盖后日最低气温，℃。

4.1.2 双作物系数法

采用 FAO 推荐的双作物系数法进行研究，可表示为：

$$ET_c = K_c ET_0 \tag{4-6}$$

$$K_c = K_s K_{cb} + K_e \tag{4-7}$$

$$ET_0 = \frac{0.408\Delta(R_n - G) + \gamma \dfrac{900}{T_a + 273} u_2 (e_s - e_a)}{\Delta + \gamma(1 + 0.34u_2)} \tag{4-8}$$

式中，ET_c 为糯玉米实际蒸散量，mm；ET_0 为参考作物蒸散量，mm；K_c 为作物系数；K_{cb} 为基础作物系数；K_e 为土壤蒸发系数；K_s 为水分胁迫系数；Δ 为饱和水汽压曲线的斜率，kPa/℃；R_n 为作物表面上的净辐射，W/m^2；G 为土壤热通量，W/m^2；γ 为湿度计常数，kPa/℃；u_2 为 2m 高处的风速，m/s；e_s 为饱和水汽压，kPa；e_a 为实际水汽压，kPa。

Δ、e_s、e_a、γ 根据气象条件计算得出，公式如下：

$$\Delta = \frac{4098\left[0.6108\exp\left(\dfrac{17.27T_a}{T_a + 237.3}\right)\right]}{(T_a + 237.3)^2} \tag{4-9}$$

$$e^0(T_a)=0.6108\exp\left(\frac{17.27T_a}{T_a+237.3}\right) \tag{4-10}$$

$$e_s=\frac{e^0(T_{max})+e^0(T_{min})}{2} \tag{4-11}$$

$$e_a=e^0(T_{min})\frac{RH_{max}}{100} \tag{4-12}$$

$$\gamma=\frac{C_pP}{\varepsilon\lambda}=0.665\times10^{-3} \tag{4-13}$$

$$P=101.3\left(\frac{293-0.0065Z}{293}\right)^{5.26} \tag{4-14}$$

式中，$e^0(T_a)$为空气温度 T_a 时的水汽压，kPa；RH_{max} 为最大相对湿度，%；Z 为海拔高度，m；P 为大气压，kPa；C_p 为常压下的比热，取值 1.013×10^3MJ/(kg·℃)；ε 为水蒸气分子量与干燥空气分子量的比，值为 0.662；λ 为汽化潜热，值为 2.45MJ/kg。

K_s 为水分胁迫系数，受土壤、作物和气象因素的多重影响，胡庆芳等推导得出计算水分胁迫系数的 FAO 公式如下：

$$K_s=\frac{1}{0.8-b+0.04ET_p}\times\frac{W_i-W_p}{W_f-W_p} \tag{4-15}$$

其中，ET_p 为糯玉米潜在腾发量，mm；W_i 为第 i 日土壤含水量，mm；W_p 为凋萎系数，mm；W_f 为田间持水量，mm；b 为作物最大根系有效深度范围内无胁迫条件下土壤水消耗比例。

FAO-56 中一般将作物生长划分为初期、发展期、中期及后期 4 个阶段，并推荐了在适中的湿度（$RH_{min}=45\%$）和风速（$u_2=2$m/s）条件下各阶段的时间长度及对应的 $K_{cb(tab)}$，考虑到糯玉米品种、地理及气象条件的影响，用遗传算法对实际的标准基础作物系数进行率定，并在生育中期和后期根据湿度、风速及作物高度进行修正：

$$K_{cb}=K_{cb(tab)}+[0.04(u_2-2)-0.004(RH_{min}-45)]\left(\frac{h}{3}\right)^{0.3} \tag{4-16}$$

式中，K_{cb} 为日基础作物系数；$K_{cb(tab)}$ 为推荐基础作物系数；h 为糯玉米株高，m。

K_e 用来描述作物蒸散发中土壤蒸发部分，在灌溉或降雨之后，通常土壤表层会较湿，此时 K_e 能达到最大值，但总的 K_c 不能超过某个限度 K_{cmax}，K_e 表示为：

$$K_e = \min[K_r(K_{cmax} - K_{cb}), f_{ew}K_{cmax}] \tag{4-17}$$

式中，K_{cmax} 为降雨或灌溉后 K_c 的上限；K_r 为土壤蒸发衰减系数；f_{ew} 为土壤表面暴露和湿润部分的比例。

K_{cmax} 由式(4-18) 确定：

$$K_{cmax} = \max\left(\left\{1.2 + \left[0.04(u_2 - 2) - 0.004(RH_{min} - 45)\right]\left(\frac{h}{3}\right)^{0.3}\right\}, K_{cb} + 0.05\right) \tag{4-18}$$

土壤表面蒸发可以假定发生在两个阶段：能量限制阶段和蒸发递减阶段。土壤表面湿润，即 $D_{e,\ i-1} \leqslant$ REW 时 K_r 为 1，表层土壤含水量减少则 K_r 降低，直至表层土壤用于蒸发的总水量都被消耗，即 $D_{e,\ i-1} \geqslant$ TEW 时 K_r 为 0。第 2 个阶段内，即 REW $< D_{e,\ i-1} <$ TEW 时，K_r 需要根据每日土壤表面的水量平衡进行计算，可表示为：

$$K_r = \frac{TEW - D_{e,i-1}}{TEW - REW} \tag{4-19}$$

式中，$D_{e,\ i-1}$ 表示截止到第 $i-1$ 天的累积蒸发量，mm；TEW 表示土壤表层的可蒸发量，mm；REW 表示土壤表面易蒸发的水量，mm。TEW 与 REW 的取值和土壤性质及可蒸发的土壤表面深度有关，FAO 推荐值本文取 TEW 与 REW 分别为 27mm 和 10mm。

D_e 需要通过每日的表层土壤水量平衡计算得到，表达式如下：

$$D_{e,i} = D_{e,i-1} - (P_i - R_i) - \frac{I_i}{f_w} + \frac{E_i}{f_{ew}} + T_{ew,i} + DP_{e,i} \tag{4-20}$$

式中，$D_{e,\ i-1}$ 和 $D_{e,\ i}$ 分别表示 $i-1$ 和 i 天的土壤表层累积蒸发深度，取值范围在 0～TEW，mm；P_i 、R_i 、I_i 、E_i 分别表示第 i 天的降雨 (mm)、径流 (mm)、灌溉 (mm)、土壤蒸发 (mm)；$T_{ew,\ i}$ 为表层土壤蒸腾，mm；$DP_{e,i}$ 为顶部土壤渗漏损失，mm；f_{ew} 为被灌溉湿润的土壤表面比值；f_w 为降雨或灌溉湿润的土壤表面平均比值。R_i 和 $T_{ew,\ i}$ 一般取 0。

$DP_{e,i}$ 只在土壤储水量超过持水能力时才会产生，计算公式为

$$DP_{e,i} = (P_i + R_i) + \frac{I_i}{f_w} - D_{e,i-1} \tag{4-21}$$

f_{ew} 计算式为：

$$f_{ew} = \min(1 - f_c, f_w) \tag{4-22}$$

式中，f_c 为作物覆盖率，取值范围 0.01～1；f_w 为降雨或灌溉湿润

的土壤表面平均比值，取值范围 0.01～1。

在覆膜情况下 f_w 应综合考虑膜孔蒸发以及未被覆盖且湿润的土壤表面蒸发，笔者研究覆膜区域为全膜双垄沟播，因而只考虑通过膜孔的蒸发。f_w 计算如式(4-23)：

$$f_w = \frac{\alpha N A_h}{A} \tag{4-23}$$

式中，α 为膜孔有效面积系数；N 为膜孔数量；A_h 为单个膜孔的面积，m^2；A 为覆膜农田总面积，m^2。

作物覆盖率 f_c 计算如式(4-24)：

$$f_c = \left(\frac{K_{cb} - K_{cmin}}{K_{cmax} - K_{cmin}}\right)^{1+0.5h} \tag{4-24}$$

式中，K_{cmin} 为无覆盖条件干燥土壤的最小 K_c 值。

4.1.3 水量平衡模型

农田水量平衡本质上是描述一段时间内，作物有效根系层内的土壤水补给与消耗的平衡关系，其表达式为：

$$W_{i+1} - W_i = P_i + I_i - ET_i - Q_i - R_i \tag{4-25}$$

式中，W_{i+1} 和 W_i 分别表示 $i+1$ 时段和 i 时段的土壤储水量，mm；ET_i 表示第 i 时段的田间蒸散量，mm，通过双作物系数法计算得出；Q_i 为第 i 时段根系层底部水分交换量，mm，经验公式如下：

$$Q_i = a\left(\frac{W}{W_f}\right)^d (W_i - W_c) \tag{4-26}$$

式中，W_c 为根系层与底部土壤发生水分交换的临界水量，mm；a、d、W_c 均通过模型率定得出。

4.1.4 模型参数计算

将水量平衡模型中所有的未知量运用一定的模型或者经验公式进行表达，得出当前土壤储水量的表达式。初始储水量 W_0 作为模拟初始值，通过每一阶段的初始储水量 W_i 计算出阶段末储水量 W_{i+1}。通过参数调整，使模型模拟得到的土壤储水量与实测的土壤储水量间差值最小，从而获得合理的参数。

参数基于 2019 年实测试验数据采用模拟值与实测值之间的均方根

误差（RMSE）作为模拟好坏程度的指标，RMSE 达到最小时对应的参数即为所求参数：

$$\mathrm{RMSE}=\sqrt{\sum_{1}^{N}\frac{[W_{0,i}-W_i(X)]^2}{N}} \tag{4-27}$$

式中，$W_{0,\ i}$ 为实测土壤储水量，mm；$W_i(X)$ 为土壤储水量的模型计算值，mm；N 为实测值总数。

通过 2018 年实测试验数据对模型及参数进行验证，运用平均均方根误差（NRMSE）进行验证，NRMSE 小于 20%则表明模型及参数模拟效果良好，可对土壤储水量进行较准确的估算。

$$\mathrm{NRMSE}=\frac{\mathrm{RMSE}}{\overline{W_\mathrm{O}}} \tag{4-28}$$

式中，$\overline{W_\mathrm{O}}$ 为实测土壤储水量的平均值。

4.2 模型率定及验证

4.2.1 全膜双垄沟播地温对气温转换系数计算及验证

基于 2019 年生育期气温与地温的数据，根据式(4-3) 计算出全地膜覆盖条件下地温对气温的转换系数 C 如表 4-1，转换系数 C 表示全膜双垄条件下有效地积温每增加 1℃对有效气积温的补偿值。由表可知，糯玉米在播种-出苗期转换系数 C 高于出苗-抽雄前，这是由于糯玉米叶面积指数随着生育进程的推进越来越大，叶片的遮阴作用部分阻挡了太阳辐射，直至抽雄后覆膜与否对土壤温度无明显作用，因此全膜双垄沟播的种植方式对糯玉米播种-出苗期的影响高于出苗-抽雄前。

表 4-1　全地膜覆盖条件下土壤温度转换系数

处理	糯玉米不同生育期转换系数 C	
	播种-出苗期	出苗-抽雄前
全地膜双垄沟覆盖	1.47	0.8

比较不同生育阶段所对应的覆膜与露地有效地积温差值的计算值与实测值，可明确转换系数 C 的合理性，运用 2018 年气温数据验证转换系数 C 的合理性，结果如表 4-2 所示。由表可知用不同生育阶段的转换

系数 C 计算得出覆膜与露地有效地积温差值与 2018 年实测值基本一致，RMSE 在两个阶段分别为 0.72℃、3.55℃，NRMSE 分别为 7.47%和 4.15%，均在可接受范围，因此计算求得的转换系数精确可靠，可以用于温度转换计算。

表 4-2 模拟和实测有效土壤积温差值对比

生育期	处理	覆膜与露地有效土壤温差		RMSE /℃	NRMSE /%
		模拟值/℃	实测值/℃		
播种-出苗期	T3	8.97	9.96	0.72	7.47%
	T4		9.31		
	T5		9.74		
	T6		9.59		
出苗-抽雄前	T3	83.76	90.52	3.55	4.15%
	T4		84.41		
	T5		82.16		
	T6		85.13		

运用计算出的转化系数 C 对覆膜条件下的气温进行修正，得出不同生育期各处理的气温转换增加值如表 4-3 所示，并将修正后的气温值用于全膜双垄沟播条件下糯玉米蒸散量的计算。

表 4-3 全膜双垄条件下气温转换增加值

年度	处理	地膜覆盖条件下气温转换增加值 ΔT/℃	
		播种-出苗期	出苗-抽雄前
2018	T3	2.25	1.86
	T4	2.22	1.86
	T5	2.32	1.71
	T6	2.50	1.67
2019	T3	3.69	2.09
	T4	3.13	1.85
	T5	3.67	1.93
	T6	3.17	1.70

4.2.2 土壤水量平衡模型参数率定及验证

模型参数通过 2019 年糯玉米不同生育期及全生育期水分监测得到

的土壤含水量数据进行率定，并通过 2018 年的试验数据进行验证，率定得到参数值见表 4-4。根据所得参数对 6 种处理 1m 土层进行水量平衡模拟可得该土层日贮水量，并与实测值进行对比见图 4-1。2019 年各处理 RMSE 范围为 8.34～18.13mm，NRMSE 范围为 3.51%～7.80%，模拟精度较高，表明模型及其参数可以较好地模拟 2019 年不同处理土壤水分动态变化。

表 4-4　模型参数取值范围及校准

参数	取值范围	率定结果（地膜）	率定结果（露地）
t_{ini}	10～30	25	29
t_{dev}	20～30	25	27
t_{mid}	15～40	20	18
t_{end}	20～30	12	13
K_{cbini}	0.1～0.3	0.17	0.15
K_{cbmid}	0.5～1.5	0.87	0.78
K_{cbend}	0.5～1.5	0.76	0.69
α	4～10	8	
a	0～1	0.74	
b	0.4～0.6	0.55	
d	1～5	4	
W_c/mm	150～250	223	

注：t_{ini} 为糯玉米生长初期的天数；t_{dev} 为糯玉米快速生长期的天数；t_{mid} 为糯玉米生长中期的天数；t_{end} 为生长后期的天数；K_{cbini} 为对应生长初期的作物系数；K_{cbmid} 为对应生长中期的作物系数；K_{cbend} 为对应生长后期的作物系数；其余参数含义见公式。

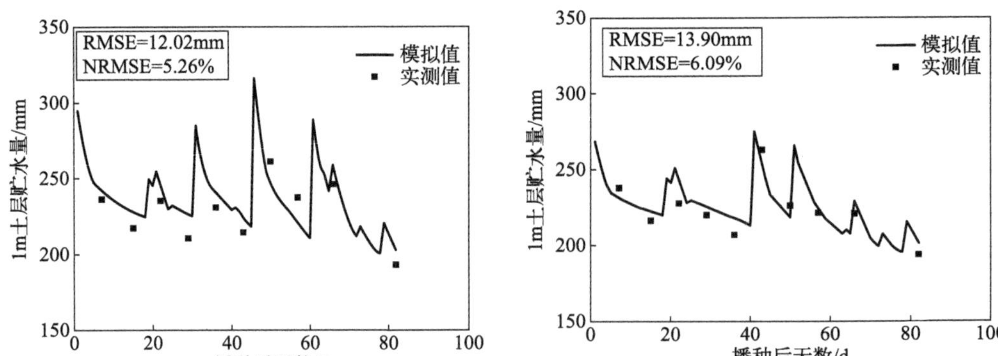

(a) T1　　(b) T2

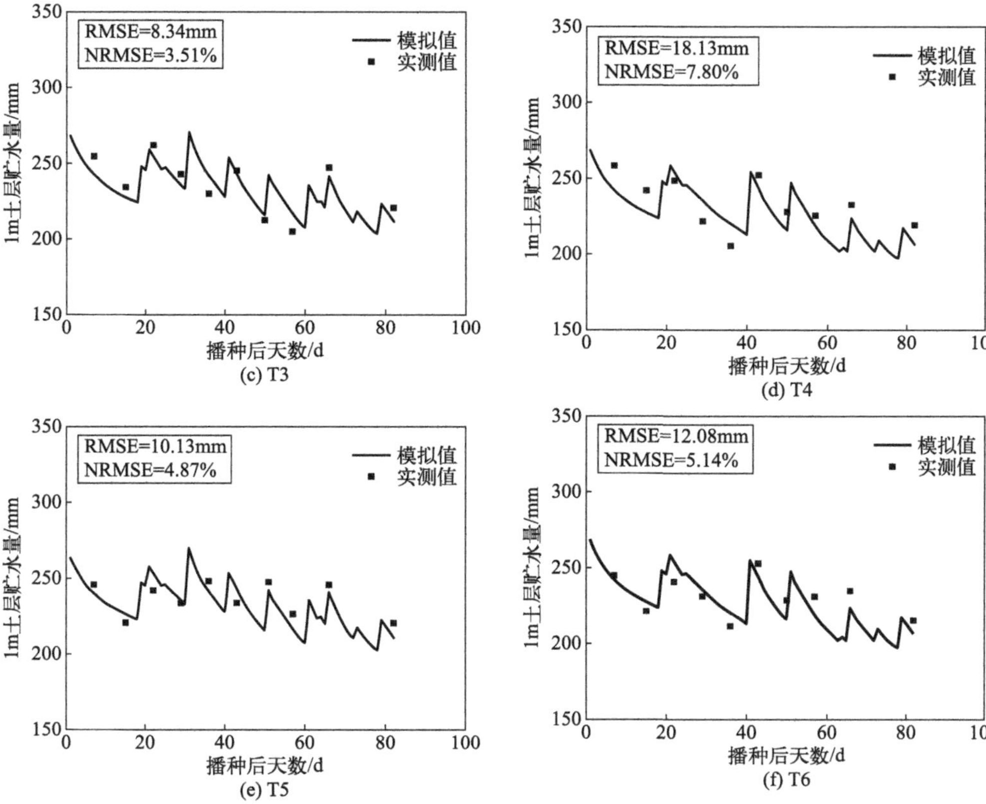

图 4-1 各处理 1m 土层贮水量模拟与实测值对比（2019 年模型率定期）

进一步利用 2018 年试验期间土壤含水量数据对模型及参数进行验证，得出各处理 RMSE 范围为 9.94～19.19mm，NRMSE 范围为 4.52%～8.26%，验证结果仍较好，因此表明建立的土壤水量平衡模型及参数可以较准确地模拟 0～1m 土壤贮水量动态变化，2018 年各处理 1m 土层贮水量的实测值及模拟值对比见图 4-2。

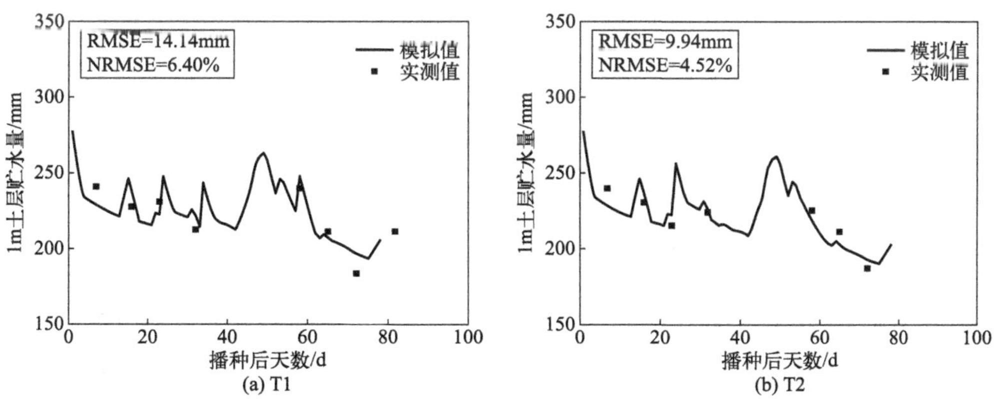

图 4-2

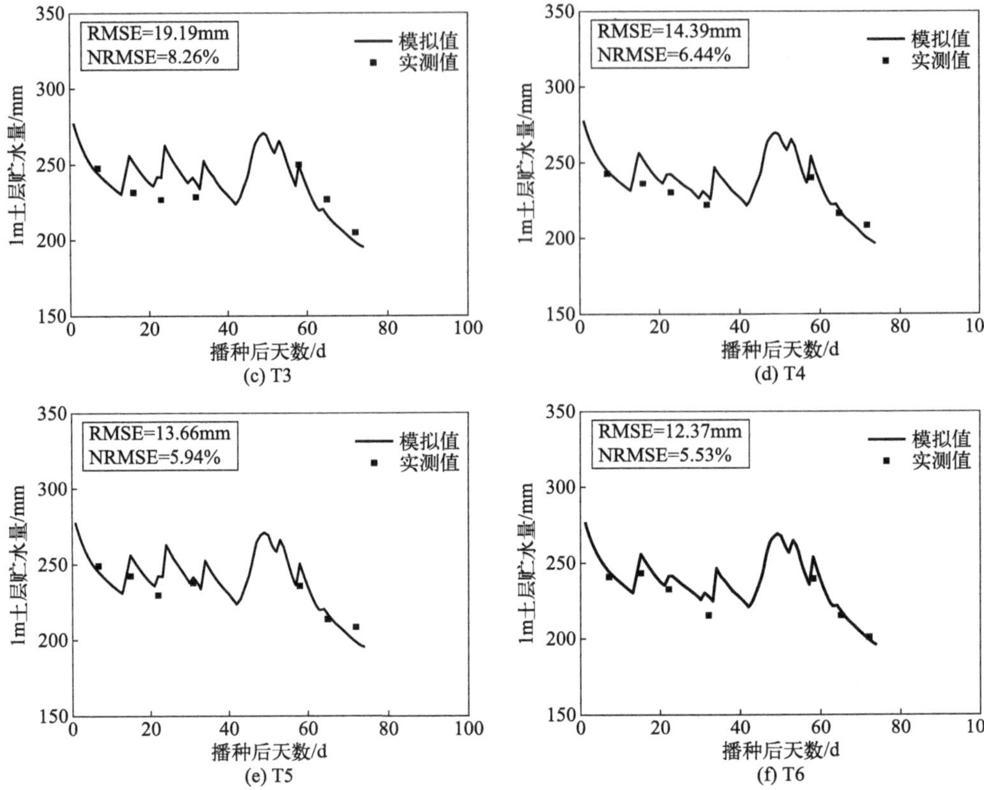

图 4-2 各处理 1m 土层贮水量模拟与实测值对比（2018 年模型验证期）

4.3 糯玉米作物系数的变化规律

作物系数 K_c 是计算作物蒸散量的基本参数，随着作物特性和气候的变化而变化，主要包括基础作物系数 K_{cb}、土壤蒸发系数 K_e 和水分胁迫系数 K_s，K_{cb} 代表没有降雨或灌溉影响的潜在 K_c 的基准线，K_e 代表土壤蒸发的部分，K_s 则描述了水分胁迫对蒸散量的影响。图 4-3、图 4-4 分别对比了全膜覆盖和露地条件下糯玉米 K_{cb}、K_s、K_e 和 K_c。从图中可以看出全膜覆盖条件下 K_{cb} 在全生育期均有所提高，发展期斜率更高且可提前进入发展期，相比不覆膜减少了初期和发展期 6d，增加了中期 2d，缩短了糯玉米生育进程 5d。相同灌溉水平下，全膜覆盖相比露地提高了全生育期平均 K_s、K_{cb}，并降低了全生育期平均 K_e、K_c，说明地膜覆盖可以减轻土壤水分胁迫程度，减少土壤蒸发，增加作物对

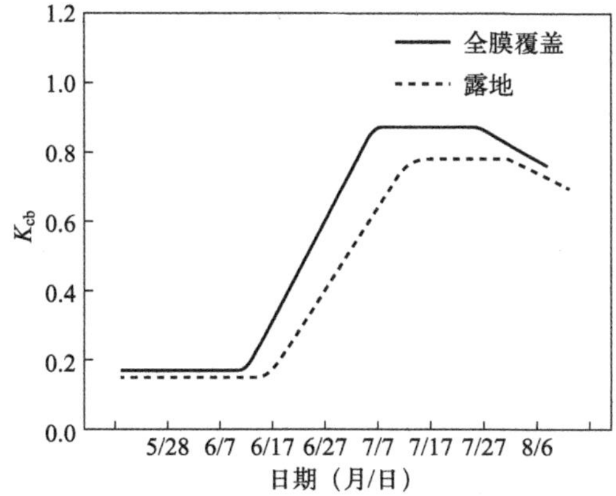

图 4-3　全地膜覆盖与露地基础作物系数 K_{cb} 对比

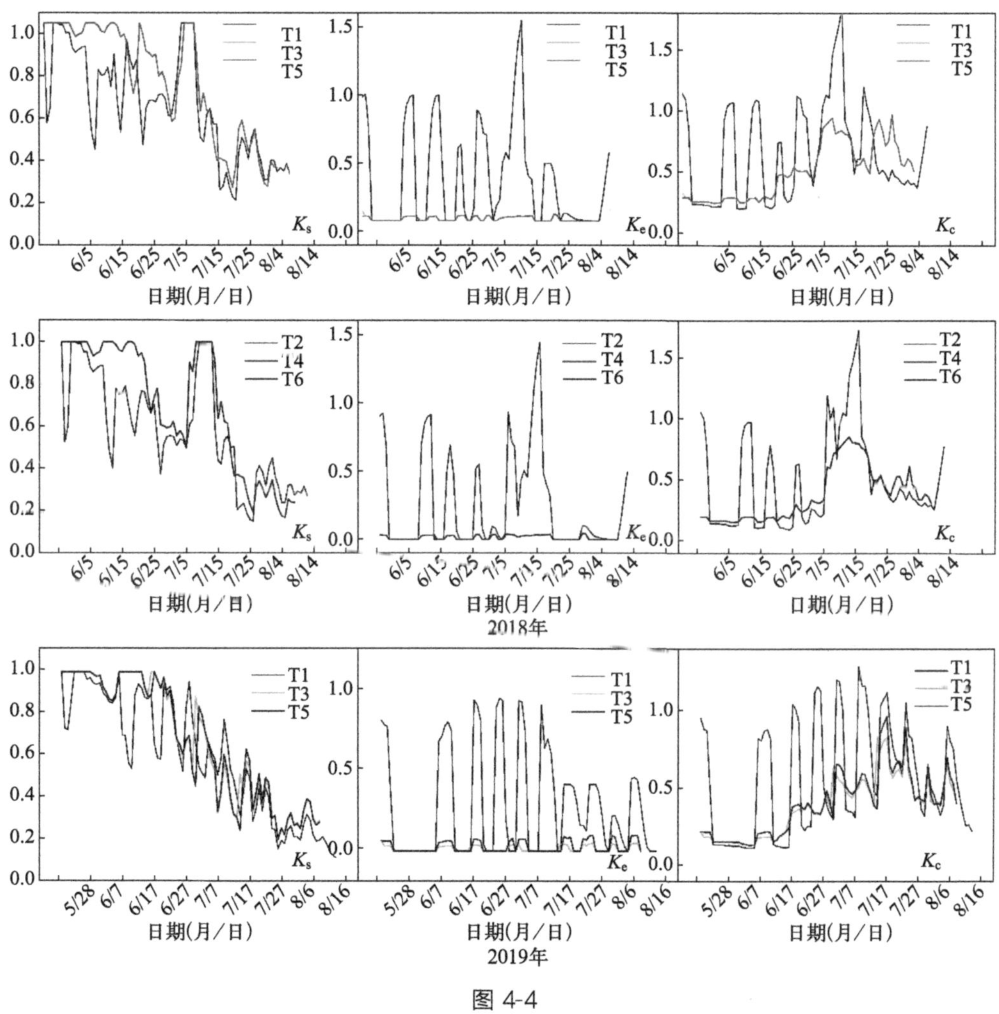

图 4-4

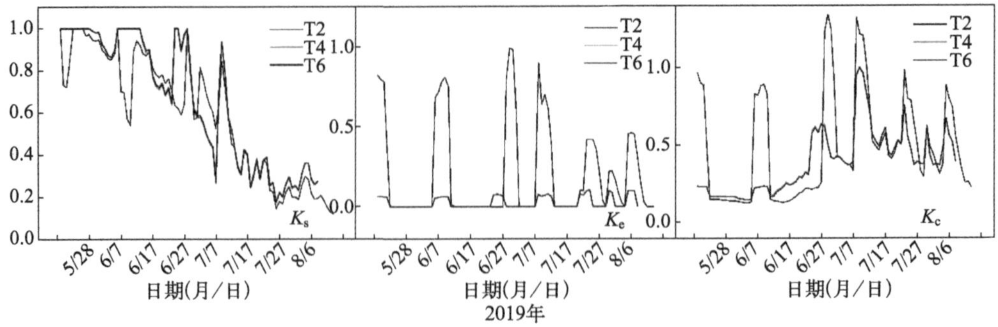

图 4-4 不同处理 K_s、K_e、K_c 对比

土壤水分的吸收，并降低作物的耗水。相同种植方式下，I_0 相比 I_1，K_c 增加了 2.18%～20.1%，尤其是露地种植，露地条件下 K_e、K_c 分别增加了 20.11%～40.38%、13.45%～20.1%，说明增加灌水量会导致土壤蒸发和作物耗水量的增加。覆膜对 K_s 的增加作用主要集中在初始期和发展期，后期作用不明显，并受到气象条件和灌水的影响。全膜覆盖只通过膜孔蒸发，显著减少了生育期土壤蒸发量，提高了蒸腾占耗水量的比例和水分利用效率，大大降低了 K_e 和 K_c 并使其变化更加平缓。从图中可以看出，垄沟宽度对于作物系数的影响不大，当灌溉水平一致时，RFE 和 RF 的作物系数几乎没有差异。对于露地条件，K_e 和 K_c 变化规律一致，均在降雨或灌溉后形成峰值，这是由于降雨或灌溉后，土壤蒸发增加导致当日耗水量增加。

4.4 糯玉米蒸腾和土壤蒸发的变化规律

不同种植方式和灌溉策略下土壤蒸发和糯玉米蒸腾速率见图 4-5。由图可以看出，蒸腾速率在全生育期呈现“小-大-小”的变化规律，蒸发速率呈现锯齿状变化。相同种植方式下，I_0 水平蒸腾速率在发展中期和后期均高于 I_1 水平，峰值较高，增幅达 18.47%～30.35%，灌水对露地条件的蒸腾速率促进作用更大，除中期外，灌水对同一种植方式下土壤蒸发作用不明显，这与中期对应的灌水上下限不同有关；就全生育期来说，I_0 相比 I_1 平均蒸腾增加 4.76%～9.79%，除 2019 年 T3 处理外，平均蒸发增加 4.3%～22.7%，且露地增幅更大。相同灌溉策略下，全膜覆盖相比不覆膜处理可以减少大部分的土壤蒸发，生育期平均蒸发速率可减少 88%～95.43%，同时增加作物蒸腾速率达 33.59%～52.46%，随播种后时间的推进增幅逐渐变大，且 RF 的增加作用高于 RFE。全地膜覆盖条件下，RF 相比 RFE 可小幅度增加蒸腾速率，降低蒸发速率。

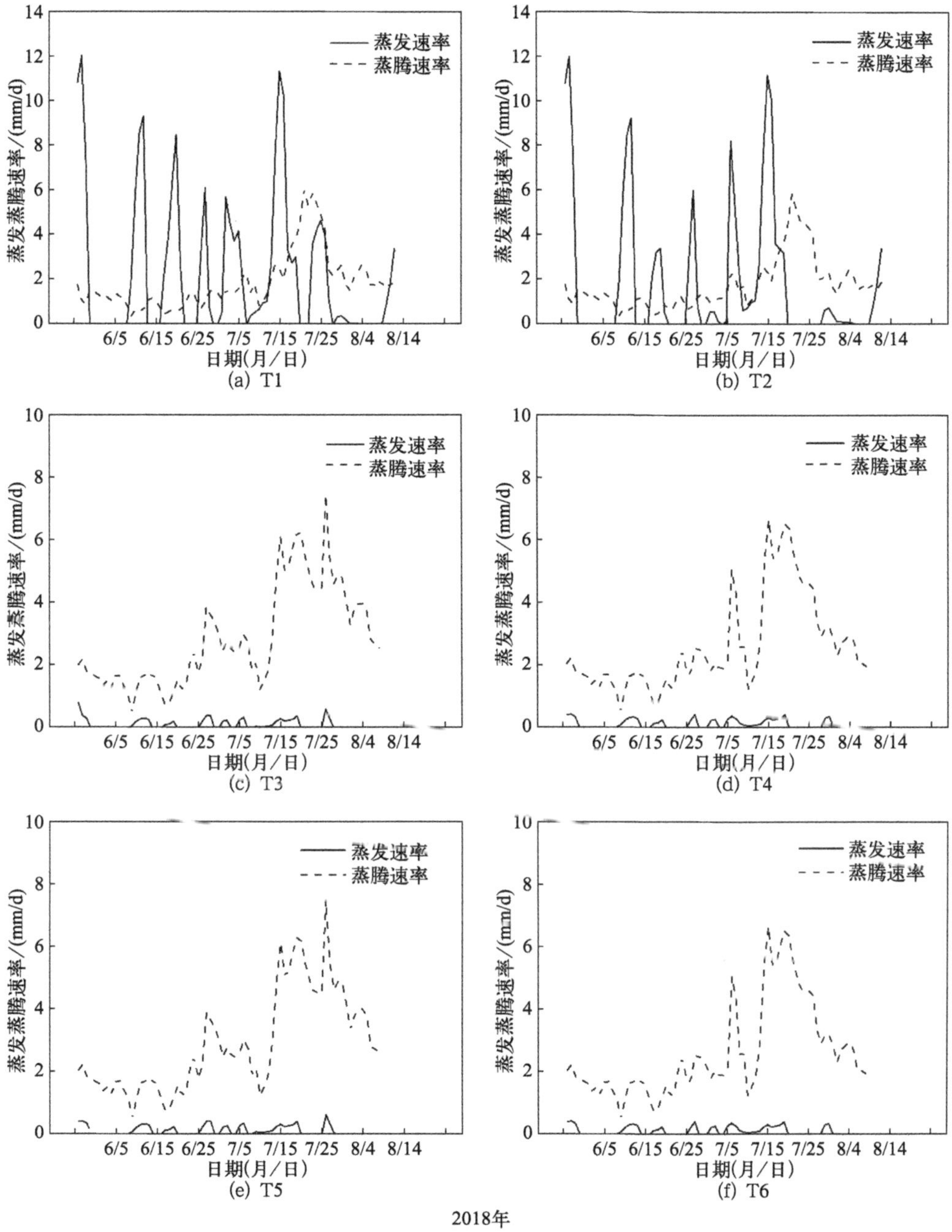

图 4-5

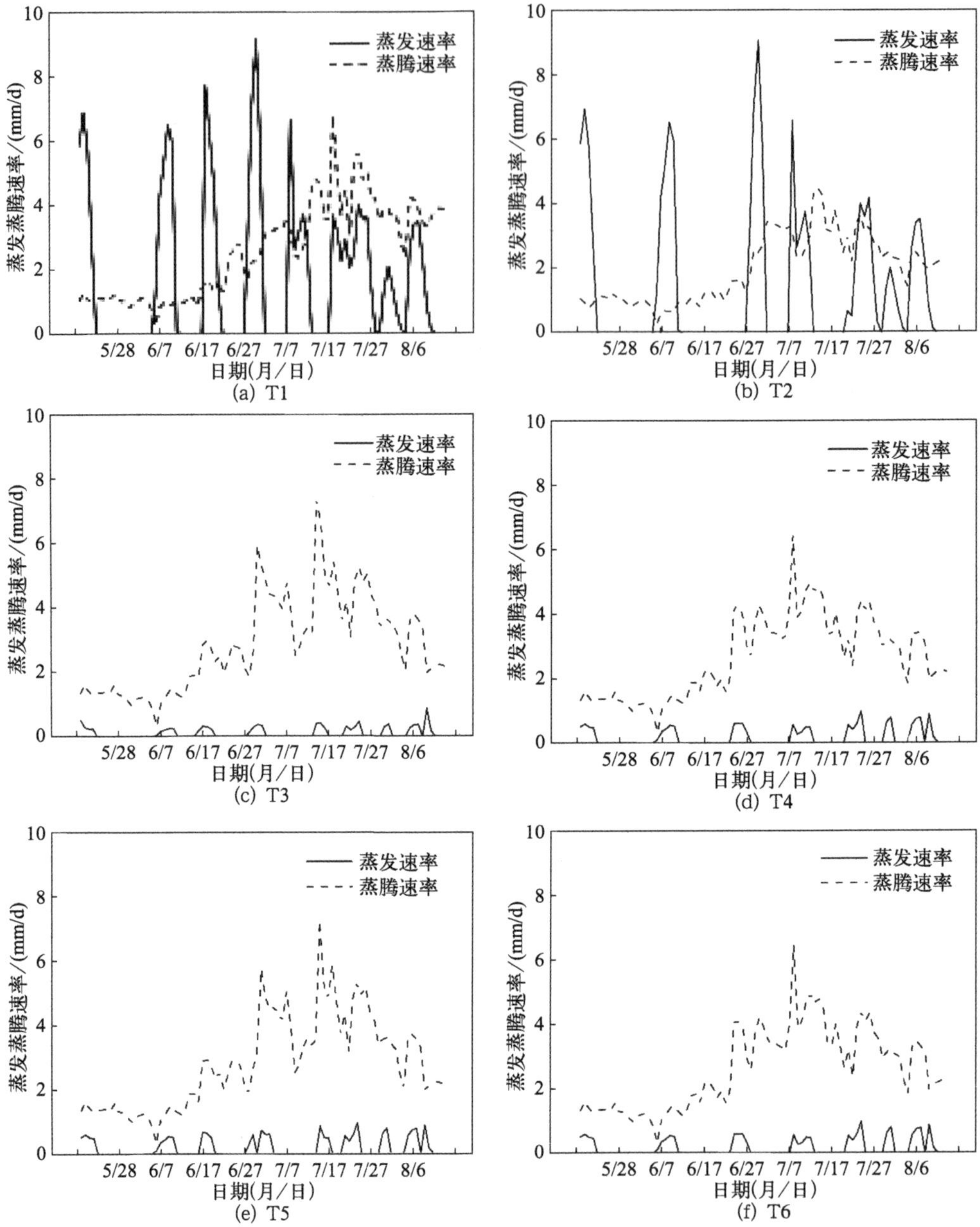

2019年

图 4-5　不同处理土壤蒸发和糯玉米蒸腾速率对比

由图 4-5 可得，不覆膜条件下糯玉米前期的土壤蒸发远大于作物蒸腾，随着表层土壤贮水量的逐渐降低而降低，并在降雨或灌溉后迎来新一次的峰值，可达 12mm/d 以上，而全膜覆盖条件下土壤蒸发全生育期均小于作物蒸腾，且蒸发速率最高不超过 1mm/d。

因此，全膜覆盖可以有效减少土壤蒸发，增加作物蒸腾，增加灌水可有效增加作物蒸腾，全膜覆盖条件下宽窄行相比等行距可增加作物蒸腾，减少土壤蒸发，但作用效果有限。

4.5 糯玉米耗水规律及耗水结构

糯玉米全生育期耗水量为 199.9～335.94mm，其数值大小与降雨年型有关，并在生育期内呈抛物线分布，各生育阶段耗水量分别为：初始期耗水量范围为 32.97～91.64mm，发展期耗水量范围为 49.63～109.14mm，生育中期耗水量范围为 77.47～106.78mm，生育末期耗水量范围为 28.76～48.75mm；日耗水强度呈抛物线形，初始期耗水强度范围为 1.32～3.52mm/d，发展期耗水强度逐渐增大为 2.26～4.04mm/d，生育中期耗水强度达到最大 3.91～6.08mm/d，生育末期耗水强度缓慢减小至 2.66～3.86mm/d；各生育期耗水模数变化规律基本一致，均在生育中期达到最大，并在生育末期降至最小，发展期和中期耗水量占全生育期耗水量 60%～70%，耗水强度偏高，是糯玉米需水关键期，应优先保证发展期和中期的供水量，适当降低初始期和末期的水分供给。

糯玉米生育期耗水规律受种植方式和灌水模式双重影响，相同灌水水平下，RF、RFE 相比 CK 显著减少生育期总耗水量，尤其是生育初始期和发展期，提高了中期和末期耗水比例。I_0 灌水水平下，RF、RFE 相比 CK 生育期总耗水量减少 34.62%、35.30%（2018 年），25.14%、23.75%（2019 年）；I_1 灌水水平下，RF、RFE 相比 CK 生育期总耗水量减少 29.06%、29.09%（2018 年），21.51%、24.45%（2019 年）。相同种植方式下 CK、RF、RFE 在 I_0 水平相比 I_1 水平总耗水量增幅依次为 12.72%、7.50%、13.31%（2019 年）。2018 年由于生育期降雨较多且与糯玉米需水关键期时间吻合，降雨量约为 2019 年的 1.6 倍，加上全膜覆盖的保墒作用，全覆膜覆盖条件下不同灌溉策略间灌水量相差仅 17mm，生育期总耗水量差异不大，仅 CK 处理 I_0 水平比 I_1 水平增加耗水 8.2%，故而气候对全生育期灌水量、耗水量影响较大，灌水水平对于特旱年份影响更加显著，且特旱年份耗水量更高。全膜双垄沟播条件下行距的不同配置对作物的耗水规律影响不大，尤其在较湿润的年份，在特旱年份主要体现在对 T/ET 的影响，RF 相比 RFE 可提高 T/ET 1.5%～3%，这是由于在糯玉米中期和末期冠层覆盖度较大时改善了冠层的通风采光等条件，减少了对资源的相互竞争，一定程度上加强了叶片的光合作用。

对比不同处理各生育期土壤蒸发和作物蒸腾，相同灌水水平下，RF、RFE 相比 CK 显著减少各生育期土壤蒸发达 90%以上，相同种植方式下 I_0 水平与 I_1 水平土壤蒸发量差别不明显，尤其是在初期、发展期和末期，中期受灌水上下限不同的影响有所区别，主要表现在不覆膜处理。对比不同处理各生育期作物蒸腾，就不同种植方式而言，RF、RFE 相比 CK 一定程度增加作物蒸腾，蒸腾量由大到小依次为 RF＞RFE＞CK。灌水对于糯玉米蒸腾作用的影响主要集中在中期，并受气候影响较大，平水年份差别较小而特旱年份差别较大，其差值最大可达 30.35%，对不覆膜处理的影响高于全膜覆盖。RF 和 RFE 只通过种植孔蒸发，全地膜覆盖条件下不同行距大小对土壤蒸发的影响不大，而从第 3 章的分析中可知糯玉米根层土壤水分条件分布 RF 略优于 RFE，其蒸腾量略高于 RFE。

第5章

不同种植方式及灌溉策略下糯玉米叶片防御机制

土壤水热环境的变化影响糯玉米的生理抗逆性，进而影响糯玉米的产量。作物酶促系统作为植株的第一道防御系统，主要作用在于清除环境胁迫下植株体内形成的大量活性氧，减轻活性氧损伤，增加作物对逆境的适应性。土壤水分、温度是调控作物生长发育的关键措施，水热环境胁迫会诱导作物抗氧化酶表达。研究全膜双垄沟播与非充分灌溉耦合条件下叶片相关抗氧化酶活性可以为明确糯玉米抗逆生理、科学进行田间水分管理并实现节水高产提供理论基础，有重要的理论和实践意义。

5.1 不同处理下糯玉米叶片抗氧化酶的变化规律

植株在面临环境胁迫时，常伴随着氧化应激增加，促进 H_2O_2 和 O_2^- 等活性氧的产生，进而引起细胞膜损伤，产生丙二醛（MDA）。MDA 作为细胞脂质过氧化作用的主要产物之一，反映脂膜过氧化作用水平和膜结构的受害程度。作物的抗氧化防御系统主要包括过氧化物歧化酶（SOD）、过氧化物酶（POD）、过氧化氢酶（CAT），作为清除阴离子自由基的保护酶，可使作物体内活性氧维持在一个较低的水平，减轻作物的损伤。

两年试验不同处理各生育期糯玉米叶片 SOD、POD、CAT 活性如图 5-1～图 5-3 所示，根据 Chai 对土壤水分胁迫程度的定义，认为土壤含水率低于 50% θ_f（θ_f 为田间持水量）为重度胁迫，处于（50%～60%）θ_f 为中度水分胁迫，处于（60%～70%）θ_f 为轻度水分胁迫，高于 70% θ_f 则认为不存在水分胁迫。基于土壤水分观测值与模拟数据，分析两年试验期间土壤水分状况，认为两年试验期间均不存在中重度水分胁迫，不同处理糯玉米各生育期土壤水分轻度胁迫天数如表 5-1 所示。由图 5-1 可知，不同年度糯玉米叶片 SOD 活性在生育期内变化趋势基本相同，均从苗期开始增加至孕穗期达到最大而后下降。相同灌水水平下，RF、RFE 相比 CK 显著提高 SOD 活性；相同种植方式下，不同灌水水平下 SOD 活性在苗期差异不显著，拔节期到成熟期均表现为 $I_1 > I_0$。结合表 5-1 进行分析，糯玉米叶片 SOD 活性在无水分胁迫时表现为全膜处理＞露地，RF 和 RFE 差异不显著，这是由于适宜的土壤环境可以使叶片生理活性维持较高的水平，糯玉米是喜温作物且需水量较大，根据第3章对不同处理下土壤水热状况的分析可知，全地膜覆盖改善了糯玉米栽培过程中土壤环境，从而使得垄沟全地膜覆盖条件下叶片抗氧化酶活性得到了提高。在拔节期、成熟期存在轻度水分胁迫，且 I_1 水分胁迫天数＞I_0。拔节期糯玉米叶片 SOD 活性表现为 T4＞T6＞T5＞T3＞T2＞T1，成熟期均表现为 T4＞T6＞T3＞T5＞T2＞T1，由此可以看出存在轻度水分胁迫时叶片 SOD 活性表现为 I_1＞I_0、覆膜＞露地，最大差值可达 9.83%～15.41%（拔节期）、23.99%～35.97%（成熟期），由此可知在土壤存在轻度胁迫即相对含水量在 60%～70%时诱导了糯玉米叶片抗氧化酶系统的表达，使 SOD 酶活性更高。通过第 3 章研究结果可知孕穗期土壤含水率呈现 I_1＞I_0，该生育期 SOD 活性也表现为 I_1＞I_0，进一步验证在土壤不存在水分胁迫时适宜环境的 SOD 活性更高。

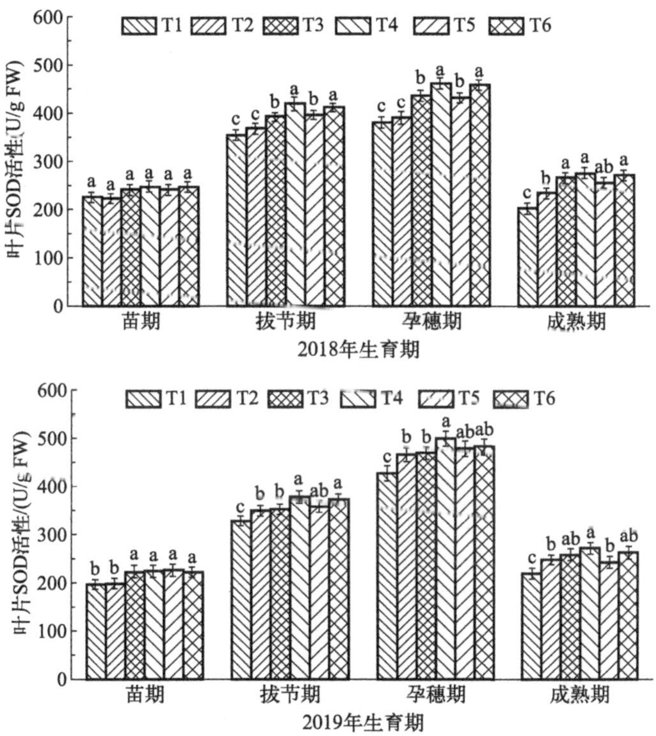

图 5-1 不同处理叶片 SOD 酶活性

表 5-1　不同处理糯玉米各生育期土壤水分轻度胁迫天数

年度	处理	轻度水分胁迫天数/d			
		苗期	拔节期	孕穗期	成熟期
2018 年	T1	3	12	3	12
	T2	3	16	2	18
	T3	0	1	0	7
	T4	0	6	0	14
	T5	0	1	0	7
	T6	0	6	0	14
2019 年	T1	0	0	2	15
	T2	0	5	3	18
	T3	0	0	0	7
	T4	0	3	0	18
	T5	0	0	0	7
	T6	0	3	0	18

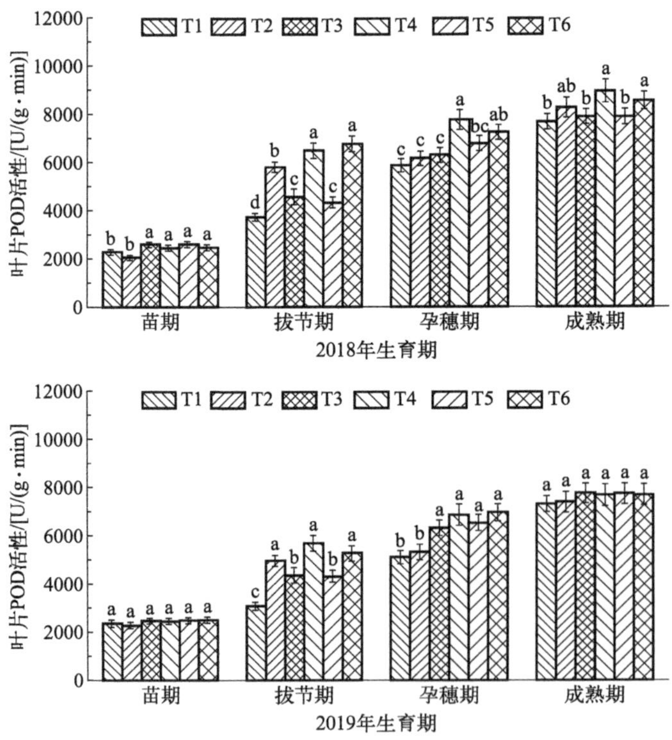

图 5-2　不同处理叶片 POD 酶活性

根据图 5-2、图 5-3 分析可知糯玉米不同生育期叶片 POD 和 CAT 活性，各处理叶片 POD 活性在生育期内变化趋势基本相同，从苗期到成熟期均逐渐增大，CAT 活性变化与 SOD 趋势相同，均为随着生育期推进先增大后减小，SOD、POD、CAT 协同作用，共同响应环境胁迫。RF、RFE 相比 CK 可以显著增加叶片 POD、CAT 活性，在拔节期和成熟期均表现为 $I_1>I_0$，与 SOD 活性变化一致，孕穗期规律也与 SOD 一致，结合苗期各种酶活性变化可得糯玉米对于短期（轻度胁迫天数＜3d）轻度水分胁迫 SOD、POD、CAT 响应敏感度较低，这种情况下与无胁迫时反应一致，适宜土壤环境会增加叶片 SOD、POD 及 CAT 活性。Chen 等研究了垄覆膜沟播玉米在模拟降雨 430mm 水平下叶片抗氧化酶活性，认为垄覆膜显著提高了籽粒灌浆期叶片抗氧化酶活性，本节垄沟全地膜覆盖显著增加了各生育期 SOD、POD、CAT 活性，与文献研究结论吻合，与此同时轻度水分胁迫诱导了 POD 和 CAT 表达，共同作用于叶片清除过多的活性氧，在糯玉米生育中后期酶活性增加也有助于延缓叶片衰老。

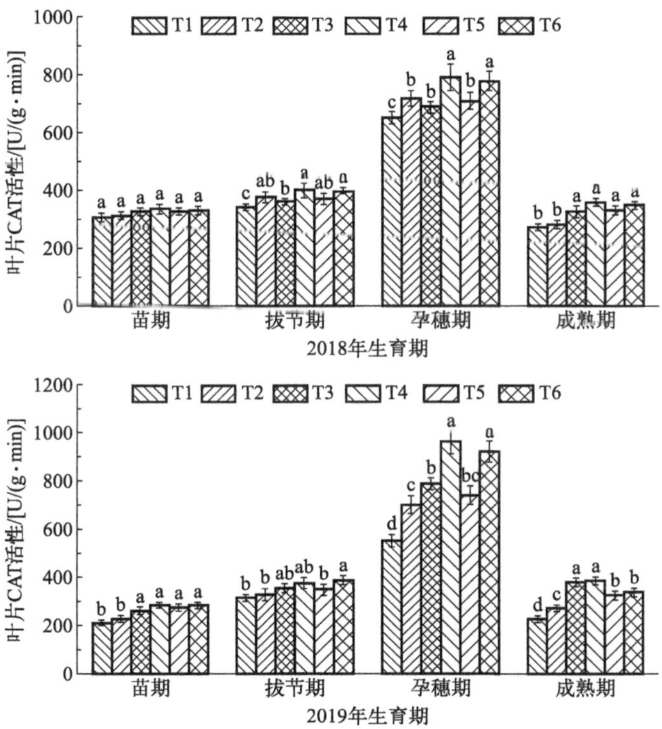

图 5-3　不同处理叶片 CAT 酶活性

综合来看，就种植方式而言，全地膜覆盖相比露地，其叶片抗氧化酶活性更高、抗逆性更强，垄沟大小对抗逆性影响不大；就灌溉策略而言，I_1 灌水量较低，但其抗氧化酶活性处在较高的水平，抗逆性也较高。

5.2 不同处理下叶片丙二醛积累量变化规律

图 5-4 为不同处理下糯玉米各生育期叶片丙二醛积累量的变化，MDA 反映了细胞膜结构的受损程度。分析可知，糯玉米叶片 MDA 积累量随着生育期的推进逐渐增加，其数值受到种植方式和灌溉的影响。就种植方式而言，全地膜覆盖改善了糯玉米生育期的土壤水热状况，相比 CK 显著减少了各生育期叶片 MDA 积累量，而分析不同垄沟结构 MDA 积累量变化，也与各自土壤水热状况密切相关，RF 略优于 RFE，因此 RF 细胞膜结构损伤最小，更有利于糯玉米生长。就灌溉策略而言，叶片 MDA 积累量与各生育期灌水量和土壤水热密切相关，全生育期来看 I_0 略优于 I_1。

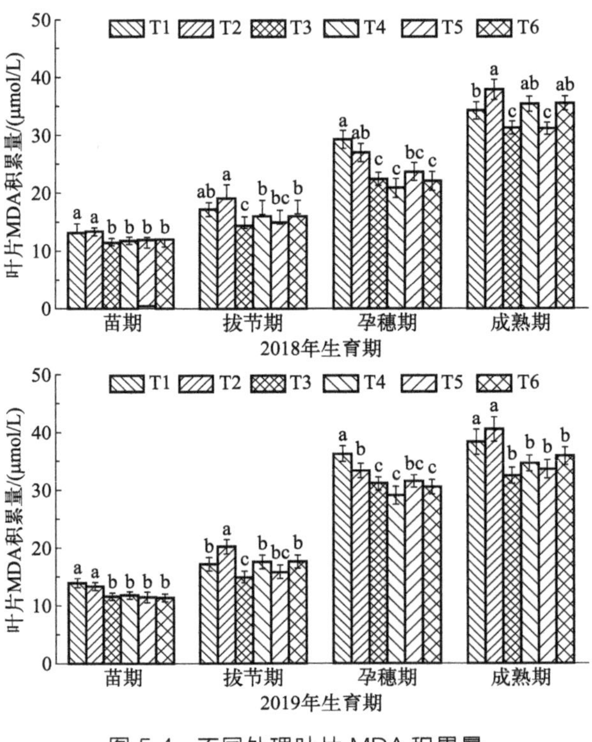

图 5-4　不同处理叶片 MDA 积累量

5.3 糯玉米叶片抗氧化酶活性及丙二醛积累量对土壤水热的响应

对各生育期糯玉米叶片抗氧化酶活性及MDA积累量与该生育期土壤平均含水率和平均温度进行相关分析得表5-2。由表可知各生育期丙二醛（MDA）积累量与该生育期土壤含水率均呈负相关，并在苗期、孕穗期达显著水平，与土壤温度也呈负相关，并在苗期、拔节期达显著水平，由此可得土壤水热环境影响植株丙二醛积累，良好的土壤环境可减少MDA积累量，有助于糯玉米生长。糯玉米苗期叶片SOD活性与土壤水热均呈正相关并达显著水平，孕穗期与土壤温度呈显著正相关，POD、CAT在苗期均与土壤温度呈显著正相关，POD在孕穗期与土壤含水率呈显著正相关，说明在无水分胁迫或轻度水分胁迫天数小于3d时土壤水热状况越好，SOD、POD、CAT活性越高。CAT活性在拔节期和成熟期与土壤温度呈显著正相关，SOD活性在成熟期与土壤温度呈显著正相关。

综上所述，糯玉米叶片抗氧化酶活性与土壤温度相关性高，地膜覆盖可以显著增加叶片抗氧化酶活性用以抵抗环境胁迫，并延缓衰老；在本试验条件下拔节期和成熟期存在轻度水分胁迫，叶片抗氧化酶大多与水分存在负相关关系，但并未达显著水平，说明地膜覆盖对于糯玉米叶片酶促系统作用大于灌溉策略，整体来看抗氧化酶活性表现为地膜覆盖＞露地栽培，I_1＞I_0。

表5-2 糯玉米各生育期叶片抗氧化酶活性与该生育期土壤水热状况的相关分析表

生育期	抗氧化酶及MDA	土壤含水率	地温
苗期	SOD	0.581*	0.857**
	POD	0.559	0.797*
	CAT	0.423	0.660*
	MDA	-0.844**	-0.82**
拔节期	SOD	-0.235	0.191
	POD	-0.095	0.501
	CAT	-0.255	0.84*
	MDA	-0.466	-0.931**

续表

生育期	抗氧化酶及 MDA	土壤含水率	地温
孕穗期	SOD	0.148	0.813**
	POD	0.876**	0.093
	CAT	0.402	0.352
	MDA	-0.837**	-0.152
成熟期	SOD	0.392	0.687*
	POD	-0.258	0.557
	CAT	0.574	0.633*
	MDA	-0.187	-0.746**

注：** 表示在 0.01 水平显著相关；* 表示在 0.05 水平显著相关。

第6章

不同种植方式及灌溉策略下糯玉米源库关系

不同种植方式和灌溉策略对土壤水热环境、糯玉米耗水过程产生了重要影响，从而引起糯玉米植株生长特性的变化，这必然导致糯玉米生长源库关系的改变，影响糯玉米的产量。源库关系研究作为作物产量的三大研究路线之一，系统地将作物物质来源、分配与产出进行解析，有助于明确产量限制因子并解释产量形成内在机制。作物源库关系影响产量、品质、资源利用效率，并受到作物管理的高度影响，以往的研究主要集中在不同作物管理措施对作物产量、水氮利用效率及农艺性状影响等方面，从源库关系的角度分析作物高产高效机理的较少。本章对不同种植方式和灌溉策略下糯玉米的群体结构和源库关系进行研究，以期从源库理论的角度对糯玉米高产节水机理进行探索和解释。

6.1 糯玉米群体结构变化特征

通过对不同试验条件下糯玉米生长过程中植株的农艺性状（即株高、穗位高）进行研究，以表征不同种植方式和灌溉策略下糯玉米群体结构的变化特征。

6.1.1 糯玉米生育期株高变化

图 6-1 为两年试验不同处理下糯玉米株高的变化曲线。由图可知，地膜覆盖下糯玉米生育期株高显著增加，特别是 25d 至生育期结束。对于不同种植方式来说，I_0 灌水水平下 RF、RFE 相比 CK 分别提高 1.9%、1.7%（2018 年），7.9%、6.5%（2019 年），I_1 灌水水平下 RF、RFE 相比 CK 分别提高 3.1%、0.1%（2018 年），10.4%、10.9%（2019 年），RF、RFE 相比 CK 糯玉米成熟期株高显著增加；对于不同灌溉策略来说，T1 相比 T2 提高 2.8%～7.5%，T3 相比 T4 提高 1.6%～5.1%，T5 相比 T6 提高 3.2%～4.4%。不同处理对株高的促进作用与不同水文年型有关，全膜覆盖和灌溉对于特旱年的促进作用更大。

覆膜可以显著提高糯玉米苗期至成熟期株高，两种覆膜方式两年苗期株高表现为 RFE>RF，除苗期外均差异不显著（2018 年虽有两组有显著差异，但差值不大）。拔节开始 RF 株高增长速度相比 RFE 更快，这是由于拔节期开始糯玉米植株快速生长，宽窄行的种植模式调整了植株的分布，有利于光能的吸收利用，加速了该条件下的植株生长。从两年试验露地与覆膜差值来看，糯玉米株高的变化受气候影响较大，全地膜覆盖对于株高的促进作用在特旱年更明显，尤其在 I_1 灌水水平下，说明地膜对于缺水环境的作用更大，并随着生育期推进差值减少。对比不同灌溉策略对株高的影响可以发现，灌水对糯玉米株高的促进作用主要表现在拔节期至孕穗期，灌水对露地的促进作用大于覆膜处理，这是由于糯玉米拔节期开始需水量大幅增加，而覆膜有效地减少了糯玉米株间蒸发，有效增加了土壤含水率。

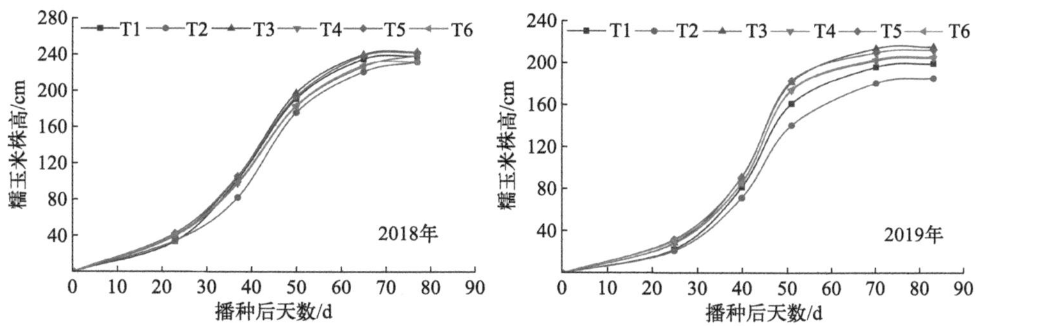

图 6-1 不同试验处理对糯玉米株高的影响

综合来看，覆膜、增加灌水均可以有效增加拔节至成熟期糯玉米株高，特旱年份作用更加明显，各处理对于株高的促进作用表现为 RF＞RFE＞CK、I_0＞I_1；从年际变化来看，2019 年各处理株高均显著低于 2018 年株高，原因主要在于水文年型差异，平水年株高高于特旱年。

对不同处理糯玉米的株高进行非线性 Logistic 方程（$Y=\dfrac{a}{1+b\mathrm{e}^{-kt}}$）拟合，对其求导可得出生物量积累的最大速率 $v_{\max}$ 及最大速率的时间节点 t_2，求二阶导并令其为 0，即可得到生长曲线上两个突变拐点 t_1、t_3，从而确定生物量的渐增期、快增期和缓增期，并由此计算生物积累量的平均增长速度 v，得出其参数及相关拐点值如表 6-1 所示。由表可知，覆膜可一定程度缩短渐增期天数，苗期-拔节前期灌水对株高的促进作用不明显。两年试验相同种植模式下 I_0 比 I_1 可缩短生育进程 0.5～2.8d，2018 年相同灌水条件下不同种植方式间生育进程差异不大，而 2019 年试验 RF、RFE 相比 CK 在 I_0 水平可缩短 0.8～1.1d，I_1 水平缩短 2.5～2.9d，年际间试验结果略有差异。这是由于 2018 年度糯玉米播种后

30～50d 降雨量达 105mm，降雨的大量补充令露地栽培株高增长速度较快，而 2019 年度糯玉米播种后 30～50d 降雨量为 3.2mm，水分全部依赖生育期灌溉，此年型下覆膜可以显著增加糯玉米株高快增期平均速度，I_0 水平下 RF、RFE 相比 CK 增加 9.5%、6.4%，I_1 水平下 RF、RFE 相比 CK 增加 24.1%、20.3% 。各处理最大速率均发生在拔节期，集中在拔节中后期，所以保证这个时期的土壤含水率对于糯玉米生长至关重要。

表 6-1　不同处理株高变化的生长动态方程参数及相关点

年度	处理	a	b	k	R^2	t_1	t_2	t_3	v_{max}	v
2018	T1	243.586	106.259	0.119	0.999	28.256	39.368	50.480	7.217	6.328
	T2	237.488	103.065	0.112	0.995	29.738	41.540	53.343	6.625	5.809
	T3	249.616	86.305	0.114	0.997	27.501	39.033	50.564	7.127	6.249
	T4	245.153	62.925	0.103	0.998	27.471	40.278	53.085	6.303	5.526
	T5	250.298	66.190	0.107	0.997	26.867	39.173	51.478	6.697	5.872
	T6	240.191	64.803	0.106	0.997	27.026	39.496	51.966	6.342	5.560
2019	T1	201.225	377.885	0.141	0.997	32.647	41.959	51.270	7.115	6.238
	T2	187.464	249.389	0.128	0.998	32.745	43.008	53.270	6.014	5.273
	T3	218.461	358.814	0.143	0.993	32.019	41.255	50.491	7.788	6.828
	T4	207.468	378.018	0.144	0.991	32.098	41.252	50.406	7.462	6.543
	T5	215.621	310.893	0.140	0.988	31.486	40.863	50.239	7.571	6.638
	T6	209.086	302.046	0.138	0.988	31.740	41.254	50.768	7.236	6.344

6.1.2 糯玉米采收期穗位高变化

计算糯玉米采收期穗位高与株高的比值作为穗高系数，该系数决定茎秆上叶片的着生部位和配置状况，对产量性状有一定的影响，一般认为穗高系数降低会导致籽粒产量减少。RF、RFE 相比 CK 糯玉米穗位高及穗高系数增加，并在 2018 年差异达显著水平。两年试验穗位高从大到小依次为 T3＞T5＞T4＞T6＞T1＞T2，穗高系数从大到小依次为 T4＞T3＞T6＞T5＞T1＞T2，I_0 灌水水平下 RF、RFE 相比 CK 分别增加穗位高 10.61%、8.70%（2018 年），9.34%、4.97%（2019 年），I_1 灌水水平下 RF、RFE 相比 CK 穗位高分别增加 14.71%、13.17%（2018 年），14.56%、6.96%（2019 年），灌水对露地条件穗位高的促进作用较大，CK、RF、RFE 在 I_0 水平相比 I_1 水平穗位高分别增加 6.12%～7.29%、1.29%～3.46%、3.73%～3.80%。由此可以看出对于穗位高的促进作用来说，RF＞RFE＞CK，I_0＞I_1，平水年＞特旱年，灌水对于露地的作用大于全地膜覆盖，I_1 在穗高系数上略高于 I_0，说明虽然 I_1 灌水量少于 I_0，但是在穗位与株高的协调关系方面差异不大。

玉米株高和穗位高与籽粒产量间存在正相关关系，主要通过穗长和生育期对产量产生影响。研究表明玉米群体结构良好的更利于高产，结合不同处理对糯玉米株高和穗位的影响，本小节可以得出对于糯玉米的群体结构来说，RF 优于 RFE，且均优于 CK，I_0 优于 I_1，但是灌水的作用小于覆膜。

6.2 不同处理对糯玉米源性能的影响

6.2.1 糯玉米叶面积指数的变化特征

图 6-2 为两年试验不同处理糯玉米叶面积随生育期的变化曲线，分析可知，地膜覆盖可以显著增加糯玉米生育期叶面积指数，特别是 40d 至生育期结束，两年试验成熟期叶面积指数均表现为：T5＞T6＞T3＞T4＞T1＞T2。RF、RFE 相比 CK 可以显著提高糯玉米拔节期至成熟期叶面积指数，且 RFE 相比 RF 对叶面积指数促进作用更大。增加灌溉对于三种种植方式下的叶面积指数均有促进作用，平水年的增幅略高于特旱年。

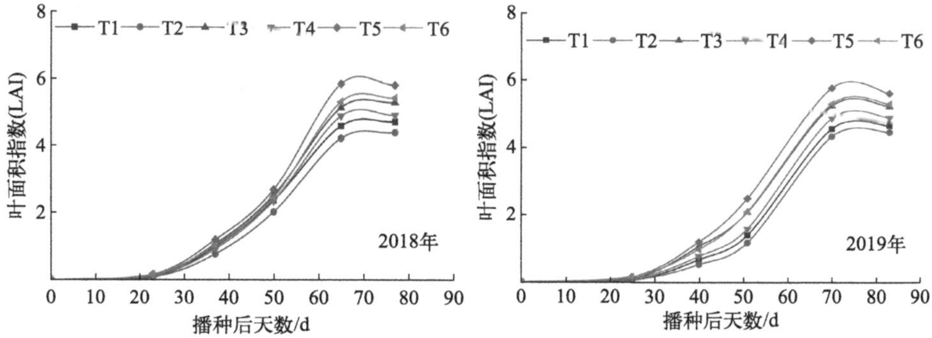

图 6-2　不同处理糯玉米叶面积指数变化曲线

覆膜可以显著提高糯玉米苗期至成熟期叶面积指数，两年各生育期叶面积指数均表现为 RFE>RF>CK。不同气象条件对叶面积指数的影响不同，尤其是 CK 对气象条件更加敏感，分析可知平水年不同种植方式主要对生育前期的叶面积指数影响较大，而特旱年则对整个生育期均有较大影响。灌水对糯玉米叶面积指数的促进作用主要表现在拔节期至孕穗期，这是由于糯玉米拔节期开始需水量大幅增加，而覆膜有效地减少了糯玉米株间蒸发，提高了土壤含水率。

综合来看，覆膜、增加灌水均可以有效增加拔节至成熟期糯玉米叶面积指数，几种处理对于糯玉米叶面积指数的促进作用表现为 RFE>RF>CK，I_0>I_1。

对不同处理糯玉米的叶面积指数进行非线性 Logistic 方程拟合，得出其参数及相关拐点值如表 6-2 所示。由表可知，2018 年 T1、T2、T3、T4、T5、T6 处理叶面积指数渐增期分别为 0～39.4d、0～41.2d、0～40.0d、0～40.7d、0～40.6d、0～41.0d，2019 年 T1、T2、T3、T4、T5、T6 处理叶面积指数渐增期分别为 0～47.4d、0～48.8d、0～43.6d、0～46.6d、0～42.5d、0～44.1d。生育期降雨量较多时不同种植方式对叶面积指数生育进程促进作用不明显，苗期至拔节前期灌水对生育进程有轻微促进作用，而生育期降雨较少时覆膜可显著缩短渐增期天数，苗期-拔节前期灌水可显著增加叶面积指数。2018 年 T1、T2、T3、T4、T5、T6 糯玉米叶面积指数快增期分别为 39.4～60.2d、41.2～60.9d、40.0～60.8d、40.7～60.1d、40.6～60.7d、41.0～61.1d，快增期平均速度分别为 0.139/d、0.137/d、0.157/d、0.156/d、0.180/d、0.167/d，相同种植模式下 I_0 与 I_1 间生育进程差异不明显，相同灌水条件下不同种植方式间叶面积增长速率表现为 RFE>RF>CK，2019 年 T1、T2、T3、T4、T5、T6 各处理叶面积指数快增期分别为 47.4～64.2d、48.8～64.0d、43.6～63.5d、46.6～63.8d、42.5～62.1d、44.1～63.3d，快增期平均速度分别为 0.167/d、0.175/d、0.161/d、0.172/d、0.176/d、0.168/d，相同种植模式下 I_0 与 I_1 间生育进程差异不明显。由表 6-2 可得，各处理最大速率均发生在拔节后期至孕穗期，保证这个时期的土壤含水率对于糯玉米生长至关重要。

表 6-2 不同种植方式与灌水时期叶面积变化的生长动态方程参数及相关点

年度	处理	a	b	k	R^2	t_1	t_2	t_3	v_{max}	v
2018	T1	5.005	556.893	0.127	0.993	39.412	49.782	60.153	0.159	0.139
	T2	4.651	937.644	0.134	0.994	41.242	51.070	60.898	0.156	0.137
	T3	5.646	601.860	0.127	0.991	40.024	50.394	60.764	0.179	0.157
	T4	5.224	951.128	0.136	0.990	40.740	50.424	60.108	0.178	0.156
	T5	6.247	767.413	0.131	0.984	40.581	50.616	60.651	0.205	0.180
	T6	5.802	807.696	0.131	0.989	41.036	51.087	61.138	0.190	0.167
2019	T1	4.863	6237.255	0.157	0.992	47.375	55.782	64.189	0.190	0.167
	T2	4.604	17517.615	0.173	0.994	48.821	56.427	64.032	0.199	0.175
	T3	5.538	1229.089	0.133	0.990	43.627	53.538	63.450	0.184	0.161
	T4	5.141	4561.260	0.153	0.990	46.552	55.177	63.802	0.196	0.172
	T5	5.962	1142.225	0.135	0.989	42.534	52.321	62.108	0.201	0.176
	T6	5.594	1580.749	0.137	0.992	44.062	53.656	63.250	0.192	0.168

6.2.2 糯玉米叶绿素的变化特征

叶绿素是植物进行光合作用的主要色素，在光合作用中直接参与光能的吸收、传递、分配和转化等过程，在光合作用中起核心作用，其含量是衡量叶片光合能力的重要指标。图 6-3 为不同处理叶片叶绿素含量随时间的变化曲线，叶片叶绿素含量随生育期推进逐渐递增，除 2018 年成熟期和 2019 年拔节期为 T3>T4>T5>T6>T1>T2 外，其含量由大到小均表现为 T3>T5>T4>T6>T1>T2。就不同种植方式对叶绿素的影响而言，RF、RFE 相比 CK 在各生育期均可显著提高糯玉米叶片叶绿素含量，尤其是在苗期，且 RF 的促进作用优于 RFE。就不同灌溉策略对叶绿素的影响而言，I_0 相比 I_1 主要增加了苗期和拔节期的叶绿

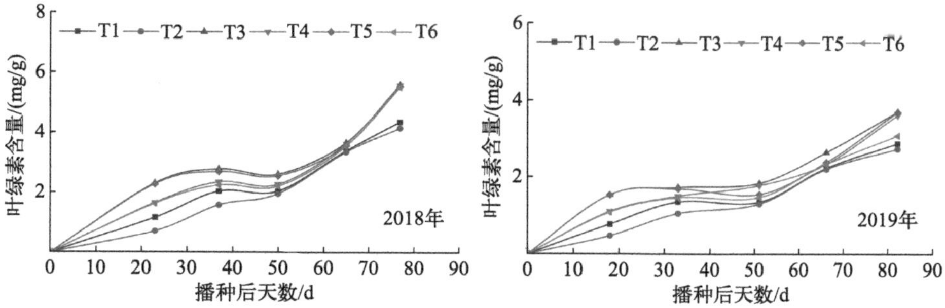

图 6-3 不同处理叶片叶绿素含量变化曲线

素含量，孕穗期和成熟期虽然也有一定的促进作用，但差异未达显著水平。

6.2.3 糯玉米群体光合势的变化特征

作物群体光合势的大小代表了植株进行光合作用的潜力，是作物生产能力的重要指标之一。它的大小取决于叶面积的大小和叶片功能期的长短。在一定范围内光合势越大，光合作用时间越长，植株体内积累的光合产物就越多。

不同处理下糯玉米群体光合势变化趋势一致，均随着生育期的推进而增加，出苗-成熟期群体总光合势由大到小依次为 T5＞T6＞T3＞T4＞T1＞T2，除拔节期-孕穗期外，其余生育期也呈现一致的大小规律。RF、RFE 相比 CK 可以显著增加各生育期的光合势，I_0 相比 I_1 显著增加各生育期的光合势，且其增幅均随着生育期的推进大致呈现递减的趋势。综上所述，就对糯玉米群体光合势的促进作用来看，RFE＞RF＞CK，I_0＞I_1。

6.2.4 糯玉米干物质积累的变化特征

图 6-4 为两个试验年不同种植方式与灌水时期下糯玉米干物质积累量随生育期的变化曲线。分析可知，地膜覆盖可以显著增加糯玉米生育期干物质积累量，特别是拔节后期至生育期结束，两年试验成熟期各生育期干物质积累量表现为：T5＞T3＞T6＞T4＞T1＞T2（2018），T3＞T5＞T1＞T6＞T4＞T2（2019）；I_0 灌水水平下 RF、RFE 相比 CK 的干物质积累量分别提高 15.2％、19.3％（2018 年），14.0％、11.3％（2019 年），I_1 灌水水平下 RF、RFE 相比 CK 的干物质积累量分别提高 14.8％、19.7％（2018 年），9.0％、14.7％（2019 年）；相同种植方式下 T1 相比 T2 提高 6.4％（2018 年）、2.1％（2019 年），T3 相比 T4 提高 6.7％（2018 年）、2.7％（2019 年），T5 相比 T6 提高 6.0％（2018 年）、1.8％（2019 年）。

综合来看，覆膜、增加灌水均可以有效增加拔节至成熟期糯玉米干物质积累量，两年干物质积累量 RF、RFE 均比 CK 高，I_0 均比 I_1 高，但结果略有差别，这与 RF、RFE 条件下土壤水热分布情况、气候条件、作物通气性等因素有关。

覆膜可以显著提高糯玉米苗期至成熟期干物质积累量，两种覆膜方式对干物质积累量的作用差异不显著，从两年试验露地与覆膜差值来看，露地栽培受气候影响较大，相同灌水水平下，覆膜对糯玉米各生育期干物质积累量的促进作用主要体现在苗期。灌水对糯玉米干物质积累的促进作用受水文年型影响较大，生育中前期影响大于生育中后期。

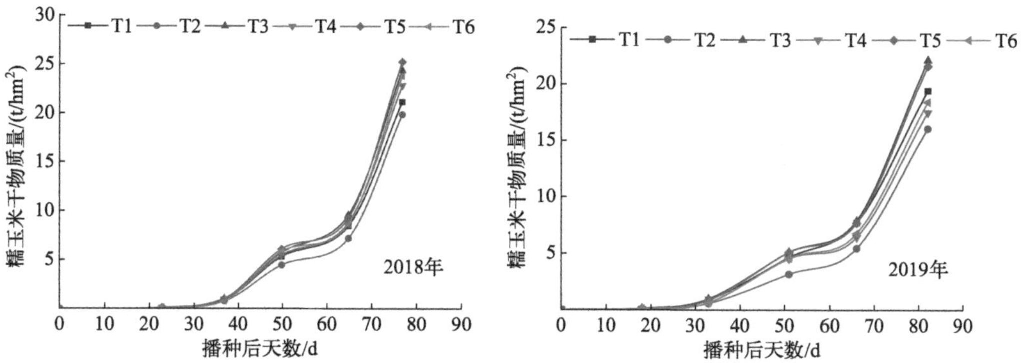

图 6-4　不同处理对糯玉米干物质量的影响

6.2.5　糯玉米群体生长速率的变化特征

群体生长速率表示单位时间内单位土地面积上所增加的干物质重量，糯玉米全生育期群体生长速率呈不均匀增加趋势，出苗-拔节期最小，吐丝期-成熟期达到最大。就不同处理来看，垄沟全地膜覆盖相比露地栽培各生育期群体生长速率提高，除拔节期-孕穗期外，其余生育期均表现为 RF 略优于 RFE，年际变化较大。这是由于拔节期糯玉米进入快速生长期，生长前期糯玉米叶面积指数较小，由于 RFE 行距相同，土壤水热分布更加均匀，使得植株得到快速生长；之后叶面积指数迅速增加，随着生育期推进叶面积指数达到最大，此时叶片起到遮阴作用，RF 由于宽窄行布置而调节了该条件下植株的分布，使其对光能和水分的利用效率更高，从而导致后期较快的增长速率。就灌溉策略来看，I_0 条件下糯玉米群体生长速率高于 I_1，CK 条件下增幅最大，最大可达 54.04%。

6.3　不同处理对糯玉米库性能的影响

地膜覆盖可以显著增加糯玉米百粒干重。I_0 灌水水平下 RF、RFE 相比 CK 百粒干重增加 18.10%、9.30%（2018 年），56.32%、61.15%（2019 年）；I_1 灌水水平下 RF、RFE 相比 CK 百粒干重增加 21.64%、13.03%（2018 年），45.95%、47.15%（2019 年）。相同种植方式下 CK、RF、RFE 在 I_0 水平相比 I_1 百粒干重增加 4.82%、1.77%、1.36%（2018），3.90%、3.09%、5.41%（2019）。对穗长、穗粗、穗粒数虽有一定促进作用，但各处理间差异并不显著，对秃尖的作用也不明显。对于糯玉米来说，穗和粒是其库器官，增加糯玉米产量库容包括增加穗数和粒数，穗数主要通过调节种植密度来实现，而粒数则与作物品种、田间管理水平等有关，而玉米籽粒产量库容包括总粒数和粒重，应首先增加总粒数，其次是增加粒重。在本试验中，全地膜覆盖可以一定程度上增加穗粒数，但是各处理间的差异并不总是达到显著差异，而 RF 条件下百粒干重在 2018 年显著高于 RFE，2019 年差异不显著。由此看出 RFE 可以一定程度上提高穗粒数（处理间差异不显著），单粒库容的增加却低于 RF；不同灌水制度下 CK、RF 和 RFE 在穗粒数和百粒干重方面差异均不显著。

6.4 不同处理对糯玉米库源比的影响

作物的源与库之间是相互制约的，协调的源库关系是作物高产的保障，因此提出库源比对作物的源库协调进行量化，但是库源比是一个泛化的指标，目前研究中使用最为广泛的量化指标是粒叶比，该指标在一定程度上表征了源库关系的协调程度，是探索群体源库关系的重要指标。在生产实践中要想提高单位面积产量，首先要不断提高总结实粒数，同时又要控制适宜的叶面积。如何在有限度的最大叶面积值下不断地突破单位面积产量，其途径只能是不断提高粒叶比。

全地膜覆盖比露地栽培可以提高粒重粒叶比，但是粒数粒叶比却比露地小，这是由于粒数粒叶比较小时有助于增加粒重粒叶比。有研究表明，粒重粒叶比与产量间存在显著正相关关系，玉米增产途径主要包括：①保持粒叶比不变，增加 LAI；②LAI 控制在适宜范围，增加粒叶比；③既提高 LAI，又提高粒叶比。CK 产量限制主要是因为该处理下糯玉米吐丝期叶面积指数过低，源限制了糯玉米的产量，RFE 吐丝期叶面积指数在三种种植方式里最高，其产量限制因素主要是粒叶比低，即单位面积叶面积承载的粒数和粒重较低，RF 粒重、粒叶比最高，吐丝期叶面积指数相对比较适宜，在三种种植方式中源库关系最协调，为高产奠定了基础。

第 7 章

不同种植方式及灌溉策略下糯玉米综合评价

糯玉米产量同水分利用率、糯玉米品质共同反映糯玉米栽培管理的优劣。本章将重点研究不同种植方式和灌溉策略对糯玉米产量、品质及水分利用的影响，并以糯玉米产量、水分利用及品质指标为主要评价指标，利用熵权 TOPSIS 综合评价最终确定糯玉米栽培种植方式和灌溉策略的最优方案，用以指导糯玉米高产高效栽培。

7.1 糯玉米产量、品质与水分利用效率分析

地膜覆盖可以显著增加糯玉米鲜穗产量及籽粒产量。I_0 灌水水平下 RF、RFE 相比 CK 鲜穗产量增加 20.49%、20.72%（2018 年），18.73%、15.23%（2019 年）；籽粒产量增加 28.63%、29.19%（2018 年），38.97%、44.17%（2019 年）；I_1 灌水水平下 RF、RFE 相比 CK 鲜穗产量增加 21.60%、20.79%（2018 年），19.84%、7.54%（2019 年）；籽粒产量增加 21.17%、22.80%（2018 年），32.40%、38.44%（2019 年）。相同种植方式下 CK、RF、RFE 在 I_0 灌水水平下相比 I_1 水平鲜穗产量增加 2.85%、1.92%、2.81%（2018），11.63%、10.59%、19.61%（2019）；籽粒产量增加 1.34%、7.58%、6.61%（2018），12.74%、18.33%、17.40%（2019）。综合来看，相同灌溉水平下 RF、RFE 相比 CK 可以显著增加糯玉米鲜穗产量和籽粒产量，RF 和 RFE 在 I_0 水平下对于鲜穗产量的增产作用无显著差异，I_1 水平下 RF 略优于 RFE；相同种植方式下 I_0 优于 I_1，平水年露地栽培这两种灌溉策略差异不显著。

对不同处理下糯玉米品质进行分析可知，地膜覆盖一定程度上降低了糯玉米籽粒粗蛋白含量和可溶性糖含量，与露地栽培处理间差异显著。这是因为露地平作昼夜温差较大，有利于作物糖分的积累，果实较甜。而灌水可增加糯玉米粗蛋白含量而减少可溶性糖含量，这是因为增加灌水量提高土壤含水率，使糯玉米的同化作用增强，有利于作物粗蛋白含量的提高，但随着糯玉米果穗内水分的提高，可溶性总糖含量有所下降。

运用田间实测土壤含水率数据，基于田间水量平衡方程通过式(2-15)计算糯玉米田间耗水量，式(2-17) 计算水分利用效率进行分析，I_0 灌水

水平下 RF、RFE 相比 CK 耗水量减少 8.12%、4.79%（2018 年），5.71%、7.22%（2019 年）；水分利用率增加 40.01%、35.69%（2018 年），47.79%、50.67%（2019 年）。I_1 灌水水平下 RF、RFE 相比 CK 耗水量减少 8.71%、8.61%（2018 年），14.23%、12.55%（2019 年）；水分利用率增加 32.81%、34.24%（2018 年），54.30%、35.49%（2019 年）。综上所述，RF、RFE 相比 CK 可以显著减少糯玉米耗水量，显著提高糯玉米水分利用率，I_1 相比 I_0 可显著降低糯玉米耗水量，平水年相比特旱年鲜穗产量、籽粒产量、水分利用率更高，耗水量更低。

分别对两年试验糯玉米鲜穗产量、籽粒产量与生育期土壤平均含水量、平均温度及作物蒸腾数据进行相关分析可知各变量与鲜穗产量、籽粒产量间相关性显著，作其拟合曲线见图 7-1。由图可以看出，随着土壤温度、水分的增加，糯玉米的鲜穗产量及籽粒产量也不断增加，从第 3 章的分析可以得出不同条件下土壤水热状况从优到劣依次为 RF＞RFE＞CK，I_0＞I_1，不同的试验条件通过对土壤水热的作用进而影响产量的增加。同时，产量也随着糯玉米蒸腾量的增加而增加。由于地膜对表层土壤与大气间水分交换的阻隔作用，土壤蒸发只通过膜孔进行，大大降低了无消耗水（即土壤蒸发）的散失量，增加了作物蒸腾量，从而提高了糯玉米的鲜穗产量和籽粒产量。

对糯玉米鲜穗产量、籽粒产量与抗逆指标进行了相关分析，结果表明两年试验糯玉米叶片 CAT 活性与糯玉米鲜穗产量、籽粒产量间存在着显著正相关关系，而 MDA 积累量与糯玉米鲜穗产量、籽粒产量间存在着显著负相关关系，拟合曲线如图 7-2 所示。结果表明，RF、RFE 相比 CK 增加了糯玉米叶片酶活性，提高了作物的抗逆性从而一定程度上增加了糯玉米鲜穗产量和籽粒产量，其中 CAT 与 SOD 协同作用，主要用来清除作物体内多余的 H_2O_2，第 5 章分析得出其主要与土壤温度存在显著正相关关系，也就是说通过地膜覆盖的保温作用增加了土壤温度，进而增加了 CAT 活性，增强了作物抗逆性，提高了产量。I_1 相比 I_0 虽然一定程度上增加了抗逆性，但由于水分胁迫持续时间更长，MDA 积累量更高，相比 I_0 细胞膜损伤程度较高，进而影响了产量的积累。对不同年型间的差异分析也可以看出，2019 年为特旱年，相比平水年 MDA 积累量更高，细胞膜损伤更严重，产量更低。

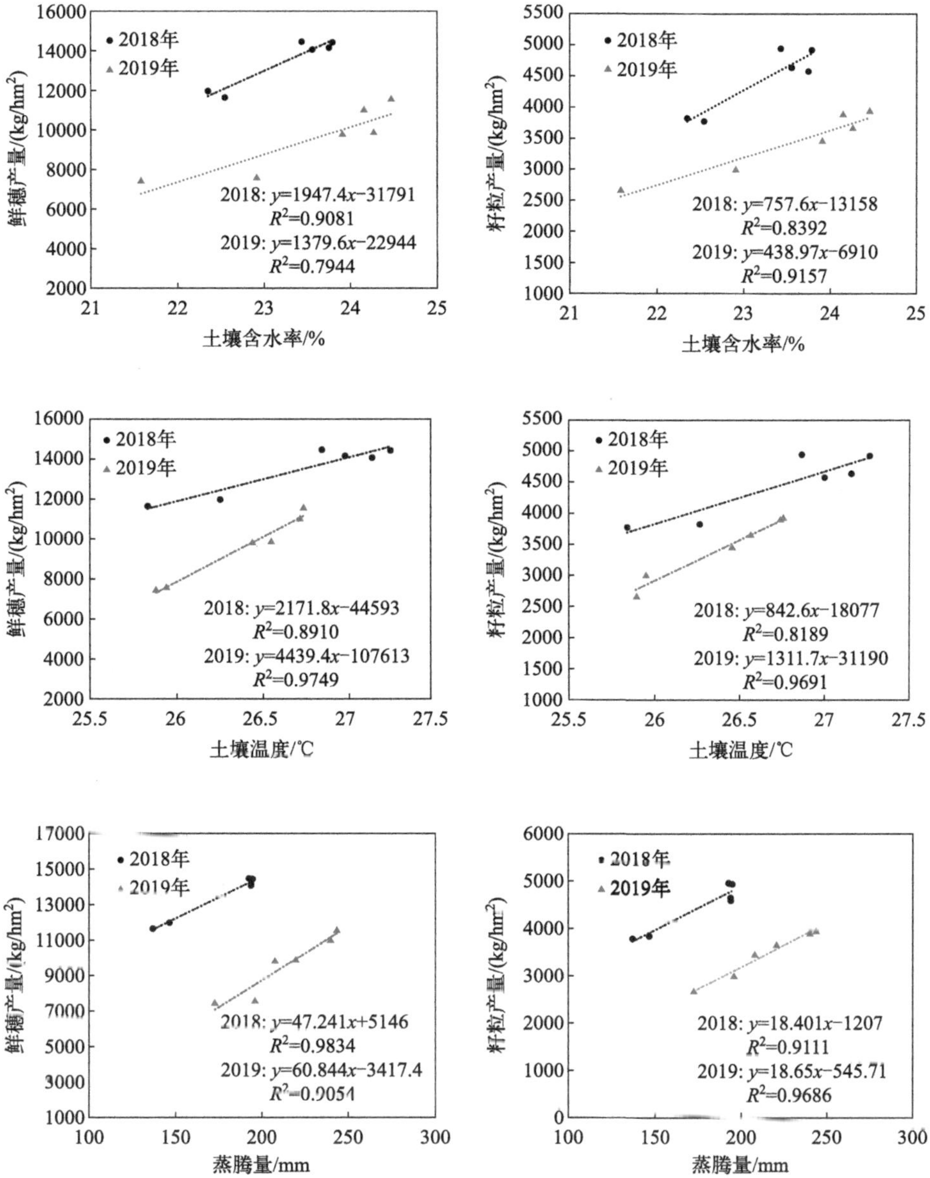

图 7-1 糯玉米鲜穗产量、籽粒产量与土壤平均含水量、温度及作物蒸腾量间的拟合关系曲线

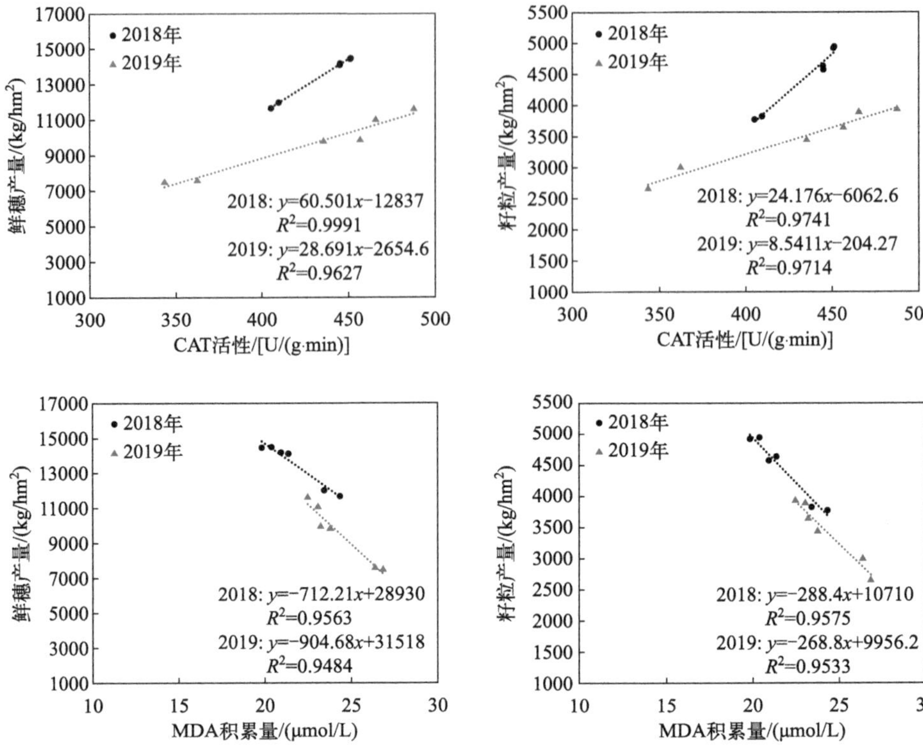

图 7-2 糯玉米鲜穗产量、籽粒产量与叶片 CAT 活性、MDA 积累量间的拟合关系曲线

7.2 糯玉米栽培模式综合评价

分析两年的试验数据不难得出，在不同年型下 RF 与 I_0 相结合产量均较高，然而判别方案的优劣要综合考虑其增产、节水及提质等方面，因而需要对方案进行综合评价。Hwang 和 Yoon 在 1981 年提出的 TOPSIS 模型，是系统工程中有限方案多目标决策分析的一种决策技术，为距离综合评价法，该模型近年来广泛应用于水环境质量评价、灌区节水效益评价、节水灌溉方案优选等各个方面。

采用熵权 TOPSIS 综合评价模型对不同种植方式和灌溉策略下糯玉米栽培方案进行评价，构建糯玉米综合评价指标体系如表 7-1 所示。通过构建评价指标值的加权标准化决策矩阵来确定决策的理想解和负理想解，然后计算被评价方案与理想解和负理想解之间的欧氏距离，从而确定被评价方案与理想方案的相对贴近程度，最后选择最贴近理想解的方案作为最优决策。

表 7-1 评价指标体系

目标层	准则层	指标层	指标说明
糯玉米栽培管理方案优选（A）	高产（B1）	鲜穗产量（C1） 籽粒产量（C2）	各处理鲜穗产量 各处理籽粒产量
	高效（B2）	水分利用率（C3）	各处理单位耗水量所生产的鲜穗产量
	优质（B3）	粗蛋白（C4） 可溶性糖（C5）	各处理籽粒粗蛋白含量 各处理籽粒可溶性糖含量

建模和求解步骤如下：

① 设参与多目标决策的方案集为 $M=(M_1, M_2, \cdots, M_n)$，指标集为 $D=(D_1, D_2, \cdots, D_m)$，方案 M_i 对指标 D_j 的值为 y_{ij}，则形成决策矩阵 $\boldsymbol{Y}=(y_{ij})_{nm}$。

② 将决策矩阵进行标准化处理，得到标准化决策矩阵 $\boldsymbol{R}=(r_{ij})_{nm}$。

其中对于越大越优的收益型指标 $r_{ij}=\dfrac{y_{ij}-\min y_{ij}}{\max y_{ij}-\min y_{ij}}$，对于越小越优的成本型指标 $r_{ij}=\dfrac{\max y_{ij}-y_{ij}}{\max y_{ij}-\min y_{ij}}$，本章指标按照越大越优的收益型指标进行标准化见表 7-2。

③ 熵权计算：对于 n 个评价样本，m 个评价指标，其第 j 个指标的熵定义为：

$$H_j=-k\sum_{j=1}^{n} f_{ij}\ln f_{ij}, (j=1,2,\cdots,m) \tag{7-1}$$

式中，$f_{ij}=\dfrac{y_{ij}}{\sum_{i=1}^{n} y_{ij}}$，$k=\dfrac{1}{\ln n}$，且假定当 $f_{ij}=0$ 时，$f_{ij}\ln f_{ij}=0$。

第 j 个指标的熵权为：

$$w_j=\frac{1-H_j}{m-\sum_{j=1}^{m} H_j}, (j=1,2,\cdots,m) \tag{7-2}$$

评价模型各指标熵权计算得 $w_{j-2018}=(0.1759, 0.2073, 0.2863, 0.1116, 0.2189)$，$w_{j-2019}=(0.2253, 0.1501, 0.2558, 0.1620, 0.2067)$。

④ 将标准化决策矩阵与各指标的权重相乘，得到加权的标准化决策矩阵 $\boldsymbol{Z}=(z_{ij})_{nm}$ 如表 7-2 所示。

表 7-2　标准化矩阵和加权标准化决策矩阵

$$\boldsymbol{R}_{2018}=\begin{bmatrix}0.118 & 0.043 & 0.829 & 1 & 0\\ 0 & 0 & 1 & 0.641 & 0.004\\ 0.989 & 0.982 & 0.088 & 0.831 & 1\\ 0.893 & 0.685 & 0.398 & 0.610 & 0.874\\ 1 & 1 & 0 & 0.785 & 0.904\\ 0.860 & 0.737 & 0.175 & 0 & 0.906\end{bmatrix}$$

$$\boldsymbol{Z}_{2018}=\begin{bmatrix}0.021 & 0.009 & 0.237 & 0.112 & 0\\ 0 & 0 & 0.286 & 0.072 & 0.001\\ 0.174 & 0.204 & 0.025 & 0.093 & 0.219\\ 0.157 & 0.142 & 0.114 & 0.068 & 0.191\\ 0.176 & 0.207 & 0 & 0.088 & 0.198\\ 0.151 & 0.153 & 0.050 & 0 & 0.198\end{bmatrix}$$

$$\boldsymbol{R}_{2019}=\begin{bmatrix}0.030 & 0.265 & 0.875 & 1 & 0.051\\ 0 & 0 & 1 & 0.609 & 0\\ 1 & 1 & 0 & 0.260 & 0.773\\ 0.593 & 0.777 & 0.309 & 0 & 1\\ 0.865 & 0.964 & 0.119 & 0.540 & 0.643\\ 0.574 & 0.617 & 0.217 & 0.398 & 0.721\end{bmatrix}$$

$$\boldsymbol{Z}_{2019}=\begin{bmatrix}0.007 & 0.040 & 0.224 & 0.162 & 0.010\\ 0 & 0 & 0.256 & 0.099 & 0\\ 0.225 & 0.150 & 0 & 0.042 & 0.160\\ 0.134 & 0.117 & 0.079 & 0 & 0.207\\ 0.195 & 0.145 & 0.030 & 0.088 & 0.133\\ 0.129 & 0.093 & 0.056 & 0.065 & 0.149\end{bmatrix}$$

⑤ 确定正理想解 x^{+} 和负理想解 x^{-}，对于越大越优的收益型指标，$x_j^{+}=\max z_{ij}$，$x_j^{-}=\min z_{ij}$，计算方案正负理想解如下：

$$x_{2018}^{+}=(0.225,\ 0.150,\ 0.256,\ 0.162,\ 0.207)$$

$$x_{2019}^{+}=(0.176,\ 0.207,\ 0.286,\ 0.116,\ 0.219)$$

$$x_{2018}^{-}=(0,\ 0,\ 0,\ 0,\ 0)$$

$$x_{2019}^{-}=(0,\ 0,\ 0,\ 0,\ 0)$$

⑥ 计算各个方案分别与正理想解和负理想解的欧式距离：

$$d_i^+ = \sqrt{\sum_{j=1}^{m}(z_{ij} - x_j^+)^2} \tag{7-3}$$

$$d_i^- = \sqrt{\sum_{j=1}^{m}(z_{ij} - x_j^-)^2} \tag{7-4}$$

解得：

$d_{2018}^+ =$(0.337，0.351，0.262，0.192，0.288，0.269)

$d_{2019}^+ =$(0.315，0.346，0.286，0.259，0.251，0.256)

$d_{2018}^- =$(0.263，0.295，0.359，0.315，0.348，0.297)

$d_{2019}^- =$(0.279，0.274，0.317，0.284，0.292，0.234)

⑦ 计算各方案与最优方案相对贴近度 S_i：

$$S_i = \frac{d_i^-}{d_i^+ + d_i^-} \tag{7-5}$$

S_i 取值范围为 0～1，S_i 最大者为优，各方案 S_i 见图 7-3，2018 年不同种植方式和灌溉策略下各方案贴近度 S_i 从优到劣依次为 T4＞T3＞T5＞T6＞T2＞T1，不同种植方式间差值大于不同灌溉策略，2019 年各方案贴近度 S_i 从优到劣依次为 T5＞T3＞T4＞T6＞T1＞T2，T3、T4、T5 贴近度接近，最大差值小于 0.02，说明这三种试验方案综合效果相差不大。综合两年试验结果来看，RF 在平水年和特旱年效果稳定，且方案贴近度在两年试验中均较优，两年平均 S_i 最高，因而得出 RF 是适

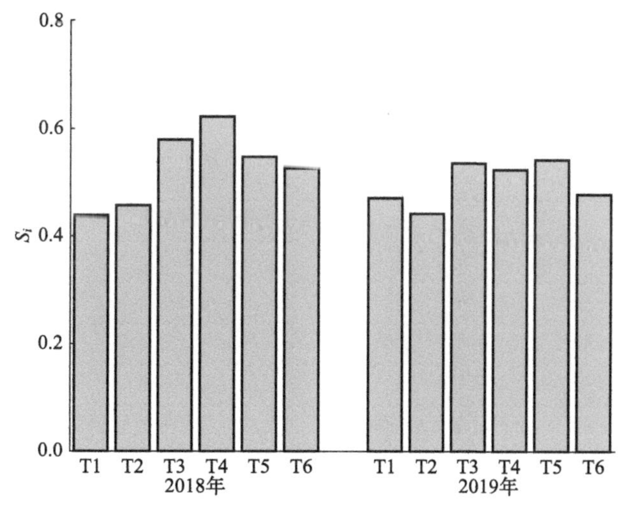

图 7-3　各处理贴合度 S_i

宜当地的较优种植方式。RF 条件下 I_1 灌水水平在平水年贴近度最高，特旱年与 T3 相差仅 0.012，因而灌溉策略则应根据水文年型进行确定，平水年运用 I_1 策略进行灌溉，特旱年则运用 I_0，但在灌溉水源不充足、灌溉条件受限制的地区使用 I_1 灌溉策略也可以达到比较好的综合效果。

第 8 章

糯玉米节水高产前沿实践应用

糯玉米作为一种重要的粮食作物和经济作物，在全球粮食安全中扮演着重要角色。然而，随着全球气候变化和水资源短缺问题的日益严峻，如何实现糯玉米的节水高产已成为当前农业领域亟待解决的关键问题。在现代农业中，新型灌溉技术、生物技术与遗传改良、信息化与智能化技术的创新应用对于提高作物产量和节约水资源至关重要，对糯玉米种植实行科学化、智慧化、数字化管理可以有效提高农业生产水平，保障粮食安全，并推动农业生产转型及可持续发展。

8.1 现代灌溉技术在糯玉米节水种植中的创新应用

灌溉是决定作物产量和品质的关键因素之一，糯玉米需水量因土壤特征、灌溉方式、气候特征、品种等而有很大差异，不同灌溉方式对玉米发育及产出的影响也大不相同。研究表明传统沟灌其用水效率只有40％～70％，而先进的灌溉技术可以节约35％～65％灌溉水，其中以滴灌技术运用最为广泛，其作为一种高效的灌溉方式，在糯玉米种植中得到了广泛应用，并与灌溉制度、覆盖技术相结合形成多种田间水分管理模式，优化水资源利用，提高农业生产可持续性。

滴灌系统对于土壤类型和气候的适应性较好，运用管道将水直接输送到作物根部，改善土壤结构，调节土壤水氮分布，减少水分蒸发和渗漏损失，避免土壤盐碱化，优化根系生长和分布，提高糯玉米株高、净光合作用、叶绿素（Chl）含量、叶面积指数（LAI）和叶氮（N）含量，并通过精准控制灌溉量显著提高其土壤水分利用效率，为糯玉米生长提供适宜的生长环境。有研究表明充分灌溉条件下滴灌可以节水48％～64％，提高产量8.2％～13.3％，同时提高水分利用率3.5％～8.0％。

滴灌系统与非充分灌溉相结合可以减少灌水量，在糯玉米关键生育期灌水可以维持产量的前提下提高田间水分利用效率，有研究表明滴灌上限为田间持水量75％不会导致产量降低，灌水上限为田间持水量70％可提高甜玉米品质，并使其产量不降低。总的来说，灌水上限区间保持在70％～80％对玉米产量并没有显著影响，适度减少灌溉会降低土壤水分状态，增强玉米根系对土壤水分的吸收能力，增加收获前器官的干物质积累及籽粒产量，从而提高土壤水分利用率，Eissa 等对玉米进行了两年试验研究，得出滴灌上限为田间持水量 80%可以增加土壤水分利用率 30%和 42%。

滴灌与覆盖技术相结合可优化作物生长的土壤条件，覆膜有效地减少了土壤蒸发，提高了表层土壤温度，调节土壤水热条件，同时滴灌基于作物需水特征确定灌溉制度，将肥料溶解在水中，通过覆盖滴灌系统以稳定的流量及时直接输送到作物根区。因此，膜下滴灌不仅能提高水分和养分的利用效率，还能提高作物的产量潜力，有效防止作物生长期间表层土壤和根区因盐分积累而导致的土壤劣化，目前关于膜下滴灌相关研究主要集中在膜管布置、滴管流量、滴灌间距、滴灌次数、灌水量等。与普通滴灌相比，膜下滴灌可减少玉米种植过程中 2.8%～5.2%的总蒸散量，增产 5.9%～8.8%，并提高水分利用效率 10.7%～13.1%。

8.2 生物技术与遗传改良在糯玉米节水高产中的突破

干旱是影响糯玉米生产最严重的非生物胁迫之一，通过生物技术和遗传改良技术可以提高糯玉米对环境胁迫的适应能力，并对其节水高产有重要作用。传统的育种，周期长、效率低，现代分子生物学快速发展，为玉米抗旱育种提供了新的方法和思路。有学者统计分析了玉米抗旱相关性状的连锁作图和关联作图发现，近 30 年定位到 700 多个与抗旱性相关 QTLs（quantitative trait locus），挖掘到 400 多个与抗旱显著相关的候选基因，克隆出 10 多个抗旱相关的基因，转基因、基因编辑等技术为解决玉米的抗旱性问题提供了更直接、更有效的方法。

玉米抗旱性是由多基因控制的复杂数量遗传，干旱胁迫下玉米根系发育及根系活力受到抑制，进而影响气孔密度和气孔运动，降低光合速率，进而影响生殖发育。水分胁迫下玉米根系利用受脱落酸（abscisic acid，ABA）诱导的启动子驱动 ZmDRO1 表达，可以有效提高玉米的抗旱能力。外界环境刺激信号被细胞质膜上的感受器感知后，信号传导途径层层传递，增强干旱应答基因的表达，主要分为 ABA 依赖（主要存在于茎）和非 ABA 依赖（主要存在于根系）两种途径。植物细胞感知干旱胁迫后，体内 ABA 含量迅速增加，触发一系列信号传递过程，并激活干旱应答基因的表达，已有研究表明参与玉米干旱应答途径的基因主要包括 *ZmPYLs*、*ZmSnRK2s* 和 *ZmPP2Cs* 等。目前，关于玉米抗旱性遗传改良主要包括转基因育种、基因编辑育种、分子标记辅助选择育种及全基因组选择育种几种方式。

转基因技术通过将外源基因导入糯玉米，将某些微生物的抗旱基因导入糯玉米，使其在缺水条件下仍能正常生长和发育，不仅节水效果显著，还能在恶劣环境中保持较高的产量，在糯玉米节水高产中的应用取得了重要进展。Tian 等运用增强 *Rtn16*（*Reticulon 16*）基因表达的转基因材料可以显著提高玉米苗期及全生育期的抗旱性及产量，Nuccio 等实现了水稻海藻糖-6-磷酸酯酶的基因连接，从而提高了玉米的抗旱性。与非转基因对照相比，转基因玉米在非干旱或轻度干旱条件下的产量提高 9%～49%，在严重干旱条件下产量提高 31%～123%。

基因编辑技术可针对基因组特定位置，进行 DNA 序列的替换、切除和增加，达到按照预定目标实现 DNA 序列改变的目的，具有高效、可控及定向操作的优点。通过基因编辑技术，科学家们能够精确修改糯玉米的基因，使其具备更强的抗旱性和水分利用效率。利用 CRISPR-Cas9 技术，研究人员对玉米 CLE7 和 FCP1 信号分子、ARGOS8（auxin regulated gene involved in organ size 8）、GOS2 等进行 DNA 序列编辑，通过调控花序发育功能、降低乙烯反应敏感性、促进 ARGOS8 过表达提高糯玉米的抗旱能力，同时减少灌溉需求，实现节水高产的目标。

分子标记辅助育种是另一种重要的生物技术手段，借助分子标记对目标性状的基因型进行选择，根据与目标基因紧密连锁的分子标记的基因型来确定目标基因的基因型。通过识别与抗旱性和高产性相关的分子标记，育种专家能够快速筛选出优良的糯玉米品种，这种方法大大缩短了育种周期，提高了育种效率。在实际应用中，分子标记辅助育种已经培育出多个抗旱高产的糯玉米新品种，这些品种在干旱地区的表现尤为突出，显著提高了当地农民的收入和生活水平。

8.3 信息化与智能化技术在糯玉米节水高产中的应用

先进的灌溉技术是增强水和粮食安全的潜在选择之一，而智能节水技术可以在节约大量水资源的同时大幅提高产量，使其用水和分配效率更高。

信息化与智能化技术在糯玉米节水高产中的应用日益广泛，极大地提升了农田管理的效率和精度。物联网技术在糯玉米种植中的应用主要体现在智能灌溉系统的构建上。通过在田间部署各种传感器，如土壤湿度传感器、气象传感器等，实时监测土壤水分、温度、湿度等环境参数。这些数据通过无线网络传输到中央控制系统，系统根据数据分析结果自动调整灌溉量和灌溉时间，实现精准灌溉。例如，当土壤湿度低于设定阈值时，系统会自动启动灌溉设备，确保糯玉米在最佳水分条件下生长。这种智能灌溉系统不仅显著提高了水分利用效率，还减少了人工干预，降低了劳动成本。

大数据分析在糯玉米种植管理中的应用也取得了显著成效。通过收集和分析大量的农田数据，如土壤性质、气候条件、作物生长状况等，农业专家能够制定更加科学合理的种植方案。例如，利用历史气象数据和作物生长模型，可以预测未来的气候趋势和作物需水量，从而提前调整灌溉计划。此外，大数据分析还能帮助农民识别病虫害的早期迹象，及时采取防治措施，减少产量损失。在实际应用中，大数据分析已经帮助多个糯玉米种植区实现了节水高产的目标，显著提高了农民的经济效益。

人工智能技术在糯玉米精准农业中的应用前景广阔。通过机器学习和深度学习算法，人工智能系统能够从海量的农田数据中提取有价值的信息，为农民提供精准的决策支持。例如，利用人工智能技术开发的智能诊断系统，可以通过分析作物的叶片颜色、形态等特征，快速诊断出作物的营养状况和病虫害情况，并提供相应的解决方案。此外，人工智能还可以用于优化灌溉方案，根据实时环境数据和作物生长模型，动态调整灌溉策略，确保糯玉米在最佳条件下生长。人工智能驱动的灌溉系统运用其强大的算法对天气历史数据进行分析，预测降雨模式和气候变化，从而根据环境条件确定每个植物的精确用水需求，有效减少用水量，并增加产量。这些人工智能技术的应用不仅提高了糯玉米的产量和品质，还显著降低了资源消耗，推动了农业的可持续发展。

参考文献

[1] Food and Agriculture Organization of the United Nations (FAO). The state of food and agriculture 2020: Overcoming water challenges in agriculture. Rome, 2020. https://doi. org/10. 4060/cb1447en.

[2] United Nations Educational, Scientific and Cultural Organization. The United Nations World Water Development Report 2018. www. unwater. org/publications/world-water-development-report-2018/.

[3] 中华人民共和国国家统计局. 中国统计年鉴 2024. 北京：中国统计出版社，2021：376.

[4] 张宁，任志强，杨慧珍，等. 山西省玉米生产现状及其提质增效措施探讨. 山西农业科学，2020，48(10)：1683-1685.

[5] 中华人民共和国国家统计局. 中国统计年鉴 2014—2023. 北京：中国统计出版社.

[6] 刘凯，谢英荷，李廷亮，等. 减氮覆膜对黄土旱塬小麦产量及养分吸收利用的影响. 中国农业科学，2021，54(12)：2595-2607.

[7] 杜娟娟，王仰仁，李粉婵. 基于动态灌水下限值的冬小麦非充分灌溉预报研究. 节水灌溉，2017，5：93-97.

[8] Ramakrishna A, Tam H M, Wania S P, et al. Effect of mulch on soil temperature, moisture, weed infestation and yield of groundnut in northern Vietnam. Field Crops Research, 2006, 95(2/3): 115-125.

[9] 徐佳星，封涌涛，叶玉莲，等. 地膜覆盖条件下黄土高原玉米产量及水分利用效应分析. 中国农业科学，2020，53(12)：2349-2359.

[10] 王星垚，李援农，银敏华，等. 不同地膜对土壤水热状况和冬小麦植株氮素的影响. 节水灌溉，2018(2)：40-46.

[11] 胡国辉，朱德峰，徐一成，等. 水稻覆膜栽培研究进展. 中国农业科技导报，2019，21(6)：163-170.

[12] 劵善伟，董合忠，田晓莉，等. 新疆棉花“矮、密、早”栽培历史、现状和展望. 中国农业科学，2021，54(4)：720-732.

[13] Caruso G, Stoleru V, De Pascale S, et al. Production, leaf quality and antioxidants of perennial wall rocket as affected by crop cycle and mulching type. Agronomy, 2019 (9): 194-207.

[14] 国家统计局农村社会经济调查司. 中国农村统计年鉴 2020. 北京：中国统计出版社，2020.

[15] Tarara J M. Microclimate modification with plastic mulch. Hortscience A Publication of the American Society for Horticultural Science, 2000, 35(2): 169-180.

[16] Ham J M, Kluitenberg G J, Lamont W J. Optical properties of plastic mulches affect the field temperature regime. Journal of the American Society for Horticultural Science, 1993, 118(2): 188-193.

[17] 王青松，冯浩，董勤各，等. 地膜覆盖对河套灌区春玉米耗水结构及水分利用的影响. 灌溉排水学报，2021，40(8)：10-18.

[18] 蒋锐，郭升，马德帝. 旱地雨养农业覆膜体系及其土壤生态环境效应. 中国生态农业学报，2018，26(3)：317-328.

[19] 王娟，张瑜，黄成真，等. 不同覆盖方式对新复垦区土壤水热及春玉米产量的影响. 中国生态农业学报，2021，29(5)：844-854.

[20] 邓路，崔巍平. 生物降解膜对土壤温、湿及玉米生长的影响. 节水灌溉，2020(6)：1-7，13.

[21] 禄兴丽，段雅欣，李闪闪，等. 覆膜对半干旱地区马铃薯生长生理性状及作物产量的影响. 植物生理学

报，2021，57(7)：1582-1594.

［22］ 漆永红，岳德成，曹素芳，等．全膜双垄沟播玉米土壤含水率和温度及杂草去除效应．草业学报，2017，26(11)：176-184.

［23］ Zhao Y，Mao X，Shukla M K，et al. Modeling soil water-heat dynamic changes in seed-maize fields under film mulching and deficit irrigation conditions. Water，2020，12(5)：1330.

［24］ Eldoma I M，Li M，Zhang F，et al. Alternate or equal ridge-furrow pattern：Which is better for maize production in the rain-fed semi-arid Loess Plateau of China?. Field Crops Research，2016(191)：131-138.

［25］ Ashish P，Kamlesh N T. Yield assessment，N uptake and KC development of green gram crop during wet season of India. Archives of Agronomy and Soil Science，2021，67：313-328.

［26］ 李春喜，冯海生，郭万春，等．青海旱作全膜双垄沟播甜高粱和复种产量及土壤养分含量．草业科学，2015，32(9)：1530-1535.

［27］ 李尚中，樊廷录，赵晖，等．不同地膜覆盖栽培模式对玉米产量、水分利用效率和品质的影响．草业学报，2020，29(10)：182-191.

［28］ 段勇，马娟娟，孙西欢，等．种植方式与灌水模式对糯玉米生长及产量的影响．中国农村水利水电，2021 (2)：139-142，151.

［29］ 陈其鲜，王本辉，刘路平，等．西北旱作大豆田不同地膜覆盖模式保墒增温增产效应研究．大豆科学，2016，35(1)：58-63.

［30］ 张平良，郭天文，曾骏，等．覆膜与钾肥互作对油葵产量和钾肥利用效率的影响．中国油料作物学报，2019，41(3)：435-444.

［31］ Mo F，Li X Y，Niu F J，et al. Alternating small and large ridges with full film mulching increase linseed (*Linum usitatissimum* L.) productivity and economic benefit in a rainfed semiarid environment. Field Crops Research，2018，219：120-130.

［32］ 方彦杰，秦安振，雍蓓蓓．种植模式和补灌对玉米生长发育及产量的影响．节水灌溉，2019(6)：30-34，42.

［33］ 孙玉莲，边学军，贾小琴．特旱年份全膜双垄沟播覆盖模式对玉米水分和温度的影响．干旱地区农业研究，2015，33(6)：133-138.

［34］ 郭满平，刘生瑞，白宏鹏．不同覆膜栽培对玉米土壤水分温度及产量的影响．干旱地区农业研究，2015，33(2)：50-55.

［35］ 赵七雄．不同种植方式对旱作春玉米土壤酶活性及生长状况的影响．灌溉排水学报，2016，35(11)：92-96.

［36］ Fan Y L，Zhang W N，Kang Y C，et al. Effects of ridge and furrow film mulching on soil environment and yield under potato continuous cropping system. Plant，Soil and Environment，2019，65(11)：523-529.

［37］ Dong W L，Yu H，Zhang L Z，et al. Asymmetric ridge-furrow and film cover improves plant morphological traits and light utilization in rain-fed maize. Journal of Meteorological research，2018，32(5)：829-838.

［38］ 赵凡．基于 Richards 模型的全膜双垄沟播与传统栽培模式玉米生长势差异研究．干旱地区农业研究，2016，34(4)：211-217.

［39］ 韩云良，胡迎春，张宁宁，等．覆膜时期和方式对黄土高原春玉米耗水特性和产量的影响．西北农业学报，2018，27(3)：362-371.

［40］ 段勇．灌溉和种植方式对糯玉米生长和产量的影响分析．太原：太原理工大学，2020.

[41] 唐晓培，杨丽，冯冬雪，等. 非充分灌溉下 8 个小麦品种旗叶光合与产量及水分利用效率的关系. 干旱地区农业研究，2020，38(4)：245-252.

[42] 司昌亮，尚学灵，王旭立，等. 半干旱区玉米膜下滴灌适宜水分生产函数模型研究. 节水灌溉，2020 (1)：39-44，48.

[43] 李跃，万里强，李向林，等. 水分胁迫对不同紫花苜蓿品种幼苗生长特性和根系 ABA 含量的影响. 中国农业大学学报，2017，22(10)：75-83.

[44] 罗永忠，李广，闫丽娟，等. 水分胁迫下新疆大叶苜蓿水分代谢指标变化及相互关系研究. 草地学报，2016，24(5)：981-987.

[45] 张玉顺，路振广，张明智，等. 冬小麦叶片气体交换参数对水分胁迫的响应. 灌溉排水学报，2020，39 (12)：32-40.

[46] 夏桂敏，汪千庆，张峻霄，等. 生育期连续调亏灌溉对花生光合特性和根冠生长的影响. 农业机械学报，2021，52(8)：318-328.

[47] 王东博，王书吉，韩玉薪. 不同调亏灌溉模式对冬小麦生长、生理及产量的影响. 节水灌溉，2021(8)：8-12，18.

[48] Hu T，Yuan L，Wang J，et al. Antioxidation responses of maize roots and leaves to partial root-zone irrigation. Agricultural Water Management，2010，98(1)：164-171.

[49] Tahkokorpi M，Taulavuori K，Laine K，et al. After-effects of drought-related winter stress in previous and current year stems of *Vaccinium myrtillus* L. Environmental and Experimental Botany，2007，61(1)：85-93.

[50] Alhoshan M，Zahedi M，Ramin A A，et al. Effect of soil drought on biomass production，physiological attributes and antioxidant enzymes activities of potato cultivars. Russian Journal of Plant Physiology，2019，66(2)：265-277.

[51] Cao Y X，Cai H J，Zhao L. Effects of growth-stage-based deficit irrigation management on physiological and biochemical characteristics and yield of winter wheat in Northwest China * . Irrigation and Drainage，2021，71(1)，70-80.

[52] Masoumi H，Darvish F，Daneshian J，et al. Effects of water deficit stress on seed yield and antioxidants content in soybean (*Glycine max* L.) cultivars. African Journal of Agricultural Research，2011 (6)：1209-1218.

[53] Gholami R，Zahedi S M. Effects of deficit irrigation and mulching on morpho-physiological and biochemical characteristics of konservolia olives. Gesunde Pflanzezn，2020，72(1)：49-55.

[54] Xia Z，Zhang G，Zhang S，et al. Efficacy of root zone temperature increase in root and shoot development and hormone changes in different maize genotypes. Agriculture，2021，11(6)：477.

[55] Liu X，Wang Y，Yan X，et al. Appropriate ridge-furrow ratio can enhance crop production and resource use efficiency by improving soil moisture and thermal condition in a semi-arid region. Agricultural Water Management，2020，240：106289.

[56] Bouyoucos G J. Effect of temperature on the movement of water vapor and capillary moisture in soils. Journal of Agricultural Research，1915，5：141-172.

[57] Taylor S A，Cavazza L. The movement of soil moisture in response to temperature gradients. Soil Science Society of America Journal，1954，18(4)：351-358.

[58] Rollins R L. Movement of soil moisture under a thermal gradient. Ames: Iowa State University, 1954.

[59] Kuzmak J M, Sereda P J. The mechanism by which water moves through a porous material subjected to a temperature gradient. Soil Science, 1957, 84(4): 291-300.

[60] Philip J R, de Vries D A. Moisture movement in porous materials under temperature gradients. Transactions-American Geophysical Union, 1957, 38(2): 222-232.

[61] Rose D A. Water transport in soil with a daily temperature wave: Ⅰ. Theory and experiment. Soil Research, 1968 (6): 31.

[62] Rose D A. Water transport in soil with a daily temperature wave: Ⅱ. Analysis. Soil Research, 1968, 6(1): 45-57.

[63] Jackson R D, Reginato R J, Kimball B A, et al. Diurnal soil-water evaporation: Comparison of measured and calculated soil-water fluxes. Soil Science Society of America Journal, 1974, 38(6): 861-866.

[64] Monji N, Hamotani K, Omoto Y. Dynamic behavior of the moisture near the soil-atmosphere boundary. Bulletin of the University of Osaka Prefecture, 1990, 42: 61-69.

[65] Milly C P D. Moisture and heat transport in hysteretic, inhomogeneous porous media: A matric head-based formulation and a numerical model. Water Resources Research, 1982, 18(3): 489-498.

[66] Nassar I N, Horton R. Water transport in unsaturated nonisothermal salty soil Ⅱ. Theoretical development. Soil Science of America Journal, 1989, 53: 1330-1337.

[67] 康绍忠，刘晓明，张国瑜. 作物覆盖条件下田间水热运移的模拟研究. 水利学报，1993，24(3)：11-17，27.

[68] 任理，张瑜芳，沈荣开. 条带覆盖下土壤水热动态的田间试验与模型建立. 水利学报，1998，29(1)：76-84.

[69] 吴从林，黄介生，沈荣开. 地膜覆盖条件下 SPAC 系统水热耦合运移模型的研究. 水利学报，2000，11：89-96.

[70] 丛振涛，雷志栋，胡和平，等. 冬小麦生长与土壤-植物-大气连续体水热运移的耦合研究Ⅰ：模型. 水利学报，2005，36(5)：575-580.

[71] Li W, Xiong L, Wang C, et al. Optimized ridge-furrow with plastic film mulching system to use precipitation efficiently for winter wheat production in dry semi-humid areas. Agricultural Water Management, 2019, 218: 211-221.

[72] Deb S K, Shukla M K, Sharma P, et al. Coupled liquid water, water vapor, and heat transport simulations in an unsaturated zone of a sandy loam field. Soil Science, 2011, 176(8): 387-398.

[73] Šimůnek J, van Genuchten M T, Šejna M. Recent developments and applications of the HYDRUS computer software packages. Vadose Zone Journal, 2016, 15(7): 1-25.

[74] Zhang Y L, Feng S Y, Wang F X, et al. Simulation of soil water flow and heat transport in drip irrigated potato field with raised beds and full plastic-film mulch in a semiarid area. Agricultural Water Management, 2018, 209: 178-187.

[75] 李仙岳，陈宁，史海滨，等. 膜下滴灌玉米番茄间作农田土壤水分分布特征模拟. 农业工程学报，2019，35(10)：50-59.

[76] Kader M A, Nakamura K, Senge M, et al. Numerical simulation of water and heat flow regimes of mulched soil

in rain-fed soybean field in central Japan. Soil and Tillage Research，2019，191：142-155.

[77] Bufon V B，Lascano R J，Bednarz C，et al. Soil water content on drip irrigated cotton：Comparison of measured and simulated values obtained with the Hydrus 2-D model. Irrigation Science，2012，30(4)：259-273.

[78] Kanda E K，Senzanje A，Mabhaudhi T. Modelling soil water distribution under Moistube irrigation for cowpea (*Vigna unguiculata*(L.) Walp.) crop. Irrigation and Drainage，2020，69(5)：1116-1132.

[79] Han M，Zhao C Y，Feng G，et al. Evaluating the effects of mulch and irrigation amount on soil water distribution and root zone water balance using HYDRUS-2D. Water，2015，7(6)：2622-2640.

[80] Zhao Y，Zhai X，Wang Z，et al. Simulation of soil water and heat flow in ridge cultivation with plastic film mulching system on the Chinese Loess Plateau. Agricultural Water Management，2018，202：99-112.

[81] 王建东，龚时宏，马晓鹏，等. 地下滴灌条件下水热运移数学模型与验证. 水利学报，2010，41(3)：368-373，378.

[82] Feng Y，Hao W P，Gao L L，et al. Comparison of maize water consumption at different scales between mulched and non-mulched croplands. Agricultural Water Management，2019，216 ：315-324.

[83] 林苗. 不同耕作条件下夏玉米生长田间试验研究. 扬州：扬州大学，2014.

[84] 闫浩芳. 内蒙古河套灌区不同作物腾发量及作物系数的研究. 呼和浩特：内蒙古农业大学，2008.

[85] 谭鉴利. 北京地区夏玉米耗水与生长规律田间试验研究. 扬州：扬州大学，2013.

[86] 李正鹏，宋明丹，冯浩. 不同降水年型水氮运筹对冬小麦耗水和产量的影响. 农业工程学报，2018，34(18)：160-167.

[87] 白珊珊，万书勤，康跃虎. 华北平原滴灌施肥灌溉对冬小麦生长和耗水的影响. 农业机械学报，2018，49(2)：269-276.

[88] 邱让建，杜太生，陈任强. 应用双作物系数模型估算温室番茄耗水量. 水利学报，2015，46(6)：678-686.

[89] 葛建坤，辛清聪，龚雪文，等. 温室通风控水条件对番茄耗水特性及产量的影响. 农业工程学报，2021，37(15)：204-213.

[90] 王炳英. 覆膜条件下作物需水规律及土壤温度变化规律的试验研究. 杨凌：西北农林科技大学，2006.

[91] 刘化涛，黄学芳，池宝亮，等. 春玉米不同品种耗水特性及水分利用效率差异研究. 节水灌溉，2017(4)：11-15.

[92] 李欢，王忠波，李蔚新，等. 东北寒地不同土质对玉米生长发育和耗水量的影响研究. 节水灌溉，2016(2)：5-8.

[93] Guo L L，Wang X J，Wang S B，et al. Tillage and irrigation effects on carbon emissions and water use of summer maize in North China Plains. Agricultural Water Management，2019，223：105729.

[94] Wang J L，Pan Z H，Pan F F，et al. The regional water-conserving and yield-increasing characteristics and suitability of soil tillage practices in Northern China. Agricultural Water Management，2020，228：105883.

[95] 杨晓丽，何俊仕，付玉娟，等. 辽西地区不同灌溉方式下玉米耗水规律研究. 灌溉排水学报，2016，35(4)：59-64.

[96] Ran H，Kang S Z，Hu X T，et al. Capability of a solar energy-driven crop model for simulating water consumption and yield of maize and its comparison with a water-driven crop model. Agricultural and Forest Meteorology，2020，287：107955.

[97] Chen Z J，Sun S J，Zhu Z C，et al. Assessing the effects of plant density and plastic film mulch on maize

evaporation and transpiration using dual crop coefficient approach. Agricultural Water Management，2019，225：105765.

［98］ 王海瑞，吕志远，汤鹏程，等．喷灌条件下不同灌溉施肥对玉米耗水和产量的影响．干旱地区农业研究，2016，34(3)：72-77.

［99］ 邓浩亮，张恒嘉，肖让，等．陇中半干旱区不同覆盖种植方式对土壤水热效应和玉米产量的影响．中国农业科学，2020，53(2)：273-287.

［100］ Wang J，Gao X，Zhou Y，et al. Impact of conservation practices on soil hydrothermal properties and crop water use efficiency in a dry agricultural region of the Tibetan Plateau. Soil and Tillage Research，2020，200：104619.

［101］ 宗睿，马玉诏，高超，等．不同地膜覆盖对夏玉米产量及水分利用效率的影响．灌溉排水学报，2017，36(12)：31-35.

［102］ 牛永华．晋北地区膜下滴灌玉米田水盐分布及产量研究．节水灌溉，2018，24(11)：24-28.

［103］ 叶玉秀．水分胁迫影响糯玉米产量形成的生理机制研究．扬州：扬州大学，2021.

［104］ Abdalhi M A M，Cheng J L，Feng S Y，et al. Performance of drip irrigation and nitrogen fertilizer in irrigation water saving and nitrogen use efficiency for waxy maize(*Zea mays* L.) and cucumber(*Cucumis sativus* L.) under solar greenhouse. Japanese Society of Grassland Science，2016，62(3)：174-187.

［105］ 张潇潇．沟灌方式和施肥对甜糯玉米生理及产量和土壤酶活性的影响．南宁：广西大学，2014.

［106］ 陈超飞，柳双环，郭大辛，等．基于 AquaCrop 模型的夏玉米生长模拟及灌溉策略优化．干旱地区农业研究，2019，37(3)：72-82.

［107］ 张耘铨，刘继龙，聂堂哲．基于 CROPWAT 模型的玉米需水量及灌溉策略研究．灌溉排水学报，2018，37(7)：67-75.

［108］ 宋利兵．基于 CERES-Maize 模型的夏玉米动态水分生产函数研究．杨凌：西北农林科技大学，2015.

［109］ Allen R G. Using the FAO-56 dual crop coefficient method over an irrigated region as part of an evapotranspiration intercomparison study. Journal of Hydrology，2000，229(1/2)：27-41.

［110］ Tarara J M. Microclimate modification with plastic mulch. HortScience，2000，35(2)：169-180.

［111］ Ai Z P，Yang Y H. Modification and validation of Priestley-Taylor model for estimating cotton evapotranspiration under plastic mulch condition. Journal of Hydrometeorology，2016，17(4)：1281-1293.

［112］ Cheeseman J M. Hydrogen peroxide and plant stress：A challenging relationship. Plant Stress，2007(1)：4-15.

［113］ Alscher R G，Erturk N，Heath L S. Role of superoxide dismutases(SODs) in controlling oxidative stress in plants. Journal of Experimental Botany，2002，53(372)：1331-1341.

［114］ Liebthal M，Maynard D，Dietz K J. Peroxiredoxins and redox signaling in plants. Antioxidants & Redox Signaling，2018，28(7)：609-624.

［115］ Chaitanya K V，Sundar D，Masilamani S，et al. Variation in heat stress-induced antioxidant enzyme activities among three mulberry cultivars. Plant Growth Regulation，2002，36(2)：175-180.

［116］ Sang H L，Ahsan N，Lee K W，et al. Simultaneous overexpression of both CuZn superoxide dismutase and ascorbate peroxidase in transgenic tall fescue plants confers increased tolerance to a wide range of abiotic stresses. Journal of Plant Physiology，2007，164(12)：1626-1638.

[117] Silva D D, Kane M E, Beeson R C. Changes in root and shoot growth and biomass partition resulting from different irrigation intervals for ligustrum japonicum thunb. HortScience A Publication of the American Society for Horticultural Science, 2012, 47(11): 1634-1640.

[118] Ajithkumar I P, Panneerselvam R. ROS scavenging system, osmotic maintenance, pigment and growth status of Panicum sumatrense roth. under drought stress. Cell Biochemistry and Biophysics, 2014, 68 (3): 587-595.

[119] He F, Sheng M, Tang M. Effects of Rhizophagus irregularis on photosynthesis and antioxidative enzymatic system in *Robinia pseudoacacia* L. under drought stress. Frontiers in Plant Science, 2017(8): 183.

[120] Blum A. Osmotic adjustment is a prime drought stress adaptive engine in support of plant production. Plant, Cell & Environment, 2017, 40(1): 4-10.

[121] 郭艳阳，刘佳，朱亚利，等. 玉米叶片光合和抗氧化酶活性对干旱胁迫的响应. 植物生理学报，2018，54(12)：1839-1846.

[122] 崔翠，王利鹏，周清元，等. 低温胁迫下烤烟幼苗叶片光合作用和抗氧化能力基因差异表达谱. 生态学报，2014，34(21)：6076-6089.

[123] 平璐. 紫花苜蓿 *Cu/Zn-SOD* 基因在矮牵牛中的表达及其耐冷性分析. 长春：吉林农业大学，2016.

[124] Moles T M, Guglielminetti L, Huarancca Reyes T. Differential effects of sodium chloride on germination and post-germination stages of two tomato genotypes. Scientia Horticulturae, 2019, 257: 108730.

[125] 王志恒，黄思麒，邹芳，等. 温度与 NaCl 处理对甜高粱种子萌发及幼苗抗氧化酶活性的影响. 中国农业科技导报，2020，22(9)：42-51.

[126] Mason T G, Maskell E J. Studies on the transport of carbohydrates in the cotton plant Ⅱ. Annals of Botany, 1928, 42(3): 571-636.

[127] 王志敏，方保停. 论作物生产系统产量分析的理论模式及其发展. 中国农业大学学报，2009，14(1)：1-7.

[128] 陆景陵. 植物营养学(上册). 北京：中国农业大学出版社，2003.

[129] 江东岭. 不同栽培措施对夏玉米源库关系影响的研究. 保定：河北农业大学，2009.

[130] 凌启鸿. 作物群体质量. 上海：上海科学技术出版社，2000.

[131] 曹显祖，朱庆森. 水稻品种的库源特征及其类型划分的研究. 作物学报，1987，13(4)：265-272.

[132] Shekoofa A, Emam Y, Pessarakli M. Source-sink manipulation effects on maize kernel quality. Journal of Plant Nutrition, 2013, 36(9): 1401-1411.

[133] Chen Y Z, Kong X Q, Dong H Z. Removal of early fruiting branches impacts leaf senescence and yield by altering the sink/source ratio of field-grown cotton. Field Crops Research, 2018, 216: 10-21.

[134] 朱振家，姜成英，史艳虎，等. 库源比改变对油橄榄产量及源叶光合作用的调节. 中国农业科学，2015，48(3)：546-554.

[135] Liu G, Yang Y, Liu W, et al. Leaf removal affects maize morphology and grain yield. Agronomy, 2020, 10(2): 269.

[136] 常闻谦. 水氮耦合对谷子拔节后源库关系作用规律的研究. 杨凌：西北农林科技大学，2018.

[137] 朱琳，李世清. 地表覆盖对玉米籽粒氮素积累和干物质转移“源-库”过程的影响. 中国农业科学，2017，50(13)：2528-2537.

[138] 吴复学，孙慧敏，李海彦，等. 测墒补灌对小麦水分利用特性和籽粒产量的影响. 山东农业科学，

2017，49(10)：23-26.

[139] 王健，蔡焕杰，陈凤，等. 夏玉米田蒸发蒸腾量与棵间蒸发的试验研究. 水利学报，2004(11)：108-113.

[140] Arnon D I. Copper enzymes in isolated chloroplasts. polyphenoloxidas in *Beta vulgaris*. Plant Physiology，1949，24(1)：1-15.

[141] 张丽丽. 辽东春玉米产量形成对品种与密度互作的响应机制. 沈阳：沈阳农业大学，2020.

[142] 朱金城. 华北平原玉米产量形成对气象条件的响应. 北京：中国农业大学，2013.

[143] Elias E A，Rogerio C，Torriani H H，et al. Analytical soil-temperature model. Soil Science Society of America Journal，2004，68(3)：784-788.

[144] 陈光杰. 夏玉米宽窄行集雨覆盖种植土壤水分运移及其模拟研究. 杨凌：西北农林科技大学，2017.

[145] Richards L A. Capillary conduction of liquids through porous mediums. Physics，1931，1(5)：318-333.

[146] Van Genuchten M T. A closed-form equation for predicting the hydraulic conductivity of unsaturated soils. Soil Science Society of America Journal，1980，44(5)：892-898.

[147] Mualem Y. A new model for predicting the hydraulic conductivity of unsaturated porous media. Water Resources Research，1976，12(3)：513-522.

[148] Feddes R A，Kowalik P J，Zaradny H. Simulation of field water use and crop yield. John Wiley and Sons，New York，1978.

[149] Wesseling J G，Brandyk T. Introduction of the occurrence of high groundwater levels and surface water storage in computer program SWATRE，1985.

[150] Vrugt J A，Hopmans J W，Šimunek J. Calibration of a two-dimensional root water uptake model. Fluid Phase Equilibria，2001，65(4)：1027-1037.

[151] Sophocleous M. Analysis of water and heat flow in unsaturated-saturated porous media. Water Resources Research，1979，15(5)：1195-1206.

[152] Šimůnek J，van Genuchten M T，Šejna M. Development and applications of the HYDRUS and STANMOD software packages and related codes. Vadose Zone Journal，2008，7(2)：587-600.

[153] Šimůnek J，Suarez D L. UNSATCHEM-2D code for simulating two-dimensional variably saturated water flow，heat transport，carbon dioxide production and transport，and multicomponent solute transport with major ion equilibrium and kinetic chemistry，Version 1. 1，Research Report No. 128. U. S. Salinity Laboratory，USDA，ARS，Riverside，CA. 1993.

[154] Chung S，Horton R. Soil heat and water flow with a partial surface mulch. Water Resources Research，1987，23(12)：2175-2186.

[155] Tarara J M. Microclimate modification with plastic mulch. HortScience，2000，35(2)：169-180.

[156] 杨宁. 改进 AquaCrop 模型对覆盖条件下玉米生长发育及水分利用的验证与模拟. 沈阳：沈阳农业大学，2014.

[157] Allen R G，Pereira L S，Raes D，et al. Crop evapotranspiration：guidelines for computing crop water requirements. FAO Irrigation and Drainage Paper No. 56，1998.

[158] 胡庆芳，尚松浩，田俊武，等. FAO56 计算水分胁迫系数的方法在田间水量平衡分析中的应用. 农业工程学报，2006，22(5)：40-43.

［159］ 赵而雯，吉喜斌．基于FAO-56双作物系数法估算农田作物蒸腾和土壤蒸发研究——以西北干旱区黑河流域中游绿洲农田为例．中国农业科学，2010，43(19)：4016-4026.

［160］ Wen Y Q，Shang S H，Yang P. Optimization of irrigation scheduling for spring wheat with mulching and limited irrigation water in an arid climate. Agricultural Water Management，2017，192：33-44.

［161］ Moriasi D N，Arnold J G，Liew M W V，et al. Model evaluation guidelines for systematic quantification of accuracy in watershed simulations. Transactions of the ASABE，2017，50(3)：885-900.

［162］ 李若帆，马娟娟，孙西欢，等．不同水肥管理模式对糯玉米叶片抗氧化酶及产量的影响．节水灌溉，2021(9)：18-22.

［163］ Chai Q，Gan Y T，Zhao C，et al. Regulated deficit irrigation for crop production under drought stress. A review. Agronomy for Sustainable Development，2015，36(1)：3-24.

［164］ 李友军，郅娟娟，牛凯丽，等．不同水分和氮素形态对郑麦9023花后旗叶衰老及产量的影响．水土保持学报，2010，24(4)：251-256.

［165］ Chen K，Ali S，Chen Y，et al. Effect of ridge-covering mulching materials on hormonal changes，antioxidative enzyme activities and production of maize in semi-arid regions of China. Agricultural Water Management，2018，204：281-291.

［166］ 陆卫平．玉米高产群体质量指标及其调控途径．南京：南京农业大学，1997.

［167］ Hwang C L，Yoon K. Methods for multiple attribute decision making. Multiple Attribute Decision Making. Springer Berlin Heidelberg，1981：58-191.

［168］ 张军，梁川．基于灰色关联系数矩阵的TOPSIS模型在水环境质量评价中的应用．四川大学学报(工程科学版)，2009，41(7)：97-101.

［169］ 方崇，张春乐，陆明本．基于熵权的TOPSIS模型在右江灌区节水改造效益综合评价中的应用．节水灌溉，2011(2)：52-54.

［170］ 雷勋平，邱广华．基于熵权TOPSIS模型的区域资源环境承载力评价实证研究．环境科学学报，2016，36(1)：314-323.

［171］ 李若帆，马娟娟，孙西欢，等．不同水肥管理模式下糯玉米水氮利用及熵权TOPSIS综合评价．干旱地区农业研究，2020，38(4)：111-120.

［172］ 缪子梅，李竞春，陈栋．基于熵权TOPSIS模型评价涝渍条件下冬小麦水位管理方案．排灌机械工程学报，2018，36(12)：1306-1311.

［173］ Lakhiar I A，Yan H，Zhang C，et al. A review of precision irrigation water-saving technology under changing climate for enhancing water use efficiency，crop yield，and environmental footprints. Agriculture，2024，14(7)：1141.

［174］ Fawibe O O，Hiramatsu M，Taguchi Y，et al. Grain yield，water-use efficiency，and physiological characteristics of rice cultivars under drip irrigation with plastic-film-mulch. J. Crop Improv.，2020，34：414-36.

［175］ Zong R，Wang Z，Zhang J，et al. The response of photosynthetic capacity and yield of cotton to various mulching practices under drip irrigation in Northwest China. Agr. Water Manage.，2021，249：106814.

［176］ Guo Y，et al. Regulating drought tolerance in cotton by the expression of a specific allele of heat shock protein 70. Ind Crop Res.，2023，202：116820.

[177] Wang J, Fawibe O O, Fawibe K O, et al. Water productivity, sink production and varietal differences in panicle structure of rice(*Oryza sativa* L.) under drip irrigation with plastic-film mulch. Field Crop Res., 2023, 291: 108790.

[178] Ma C J, et al. Coupling regulation of root-zone soil water and fertilizer for summer maize with drip irrigation. Water, 2022, 14(22): 3680.

[179] Zhao J, et al. Deficit irrigation maintains maize yield through improved soil water extraction and stable canopy radiation interception. J Agron Crop Sci., 2022, 209: 16-31.

[180] Singh M, Singh S, Deb S, et al. Root distribution, soil water depletion, and water productivity of sweet corn under deficit irrigation and biochar application. Agr. Water Manage., 2023, 279: 108192.

[181] Chen Y, Leng Y N, Zhu F Y, et al. Water-saving techniques: physiological responses and regulatory mechanisms of crops. Adv. Biotechnol., 2023, (14): 3. https://doi.org/10.1007/s44307-023-00003-7.

[182] Wan W. A moderate reduction in irrigation and nitrogen improves water-nitrogen use efficiency, productivity, and profit under new type of drip irrigated spring wheat system. Front Plant Sci., 2022, 13: 1005945.

[183] Eissa M A, Negim O E. Nutrients uptake and water use efficiency of drip irrigated maize under deficit irrigation. J. Plant Nutr., 2018(42): 79-88.

[184] Zhou L M, Li F M, Jin S L, et al. How two ridges and the furrow mulched with plastic film affect soil water: Soil temperature and yield of maize on the semiarid Loess Plateau of China. Field Crops Res., 2009, 113: 41-47.

[185] Han, D M, Zhou T T. Soil water movement in the unsaturated zone of an inland arid region: Mulched drip irrigation experiment. J. Hydrol., 2018, 559: 13-29.

[186] Selim T, Bouksila F, Berndtsson R, et al. Soil water and salinity distribution under different treatments of drip irrigation. Soil Sci. Soc. Am. J., 2013(77): 1144-1156.

[187] Jin X, Chen M, Fan Y, et al. Effects of mulched drip irrigation on soil moisture and groundwater recharge in the Xiliao River Plain, China. Water, 2018, 10(12): 1755. DOI: 10.3390/w10121755.

[188] 王子阳，刘升学，杨志蕊，等. 玉米抗旱性的遗传解析. 植物学报，2024，59(6)：883-902.

[189] Tian T, Wang S H, Yang S P, et al. Genome assembly and genetic dissection of a prominent drought-resistant maize germplasm. Nat. Genet., 2023(55): 496-506.

[190] Nuccio M L, Wu J, Mowers R, et al. Expression of trehalose-6-phosphate phosphatase in maize ears improves yield in well-watered and drought conditions. Nat Biotechnol, 2015(33): 862-869.

[191] Doudn J A, Charpentier E. Genome editing. The new frontier of genome engineering with CRISPR-Cas9. Science, 2014, 346: 1258096.

[192] 金锐，张从合，朱全贵，等. 分子标记辅助选择在玉米抗病和抗虫育种上的应用. 安徽农业科学，2021，49(16)：10-15.

[193] Sitharthan R, Rajesh M, Vimal S, et al. A novel autonomous irrigation system for smart agriculture using AI and 6G enabled IoT network. Microprocess. and Microsyst., 2023, 101: 104905.

[194] 戚迎龙，史海滨，李瑞平，等. 滴灌水肥一体化条件下覆膜对玉米生长及土壤水肥热的影响. 农业工程学报，2019，35(5)：99-110.